北水ブックス

出動！イルカ・クジラ110番
〜海岸線3066kmから視えた寄鯨の科学〜

松石 隆 著

KAIBUNDO

目　次

出動　*7*

第1章　鯨類とは *11*

　　鯨は京きな魚ではない　*11*

　　クジラのヒゲは口のなかに生えている　*13*

　　クジラとイルカの見分けかた　*15*

　　まだ新種の発見が続く　*16*

　　大型鯨類より大きな小型鯨類　*17*

　　鯨は絶滅に瀕している？　*18*

第2章　寄鯨 *21*

　　鯨が打ち上がると地震が起きるのか　*21*

　　寄鯨報告急増中　*22*

　　海岸線 3066 km で寄鯨を集める　*24*

　　寄鯨調査は解体ショーではない　*29*

　　601 件の寄鯨報告　*31*

第3章　北海道にストランディングする鯨類たち *35*

　　ネズミイルカ —報告件数第 1 位　*35*

　　ミンククジラ —目印は胸鰭の白い帯　*40*

　　イシイルカ —日本近海に 35 万頭が棲息　*42*

　　カマイルカ —背鰭が鎌の形をしてるから　*44*

　　オウギハクジラ —口から扇形の歯がとび出している　*46*

ハッブスオウギハクジラ──希少種の標本から多くの研究が　*49*

マッコウクジラ──世界最大のハクジラ　*51*

ツチクジラ──イルカみたいな顔をしたクジラ　*55*

【コラム】ツチクジラは美味しい

ザトウクジラ──ホエールウォッチングの人気者　*58*

【コラム】鯨類の鳴音

【コラム】鯨類の名前よもやま話

第4章　寄鯨調査にもとづく研究 *65*

ハクジラ類は何を食べているか　*65*

イルカのクリックス音はパッとチッ　*68*

網に入ったネズミイルカの脱出　*74*

ネズミイルカはメスのほうが大きい　*77*

ネズミイルカが通り抜けられる幅　*80*

第5章　北海道大学鯨類研究会──学生たちの挑戦 *83*

鯨に魅せられた学生たち　*83*

北水祭で大行列　*84*

津軽海峡の鯨類を追う　*86*

発見したカマイルカは2万5000頭以上　*87*

【解説】ライントランセクト法の原理

臼尻でのネズミイルカ混獲調査　*92*

【コラム】函館は日本一の昆布生産地

学生の「やりたい」に引きずられて　*101*

第6章　函館と鯨 *103*

縄文時代〜中世　*103*

アイヌ人と鯨類　*104*

函館開港　*106*

鯨族供養塔　*110*

北大水産学部の鯨骨格標本　*111*

鯨汁　*113*

第7章　なぜ北大水産学部が鯨類の研究をするのか *115*

私の経歴　*116*

北大水産学部の位置づけ　*117*

幅広い研究分野　*118*

鯨類と他の水産科学との関係　*119*

鯨を通して海を知る　*120*

索引　*123*

出　動

　2010年9月25日朝，鯨類漂着通報電話が鳴った。
「はい，北海道いるか・くじら110番，北海道大学の松石です」
「先生，函館市役所の櫻井だけれども」
「あ，櫻井さん，お世話になってます。どうしましたか？」
「空港の先の石崎の浜にクジラが打ち上がってるんだよね。体長6mくらいのツチクジラ」
「それ，ツチクジラじゃないですね。体長6mは小さすぎます。すぐに見にいきます」
　早速，現場に急行して，撮った写真がこれだ。

SNH10053の現場写真

あきらかにツチクジラではない。津軽海峡でこの時期に漂着する可能性がある鯨類といったら，ミンククジラかオウギハクジラ。もしかしたらアカボウクジラが上がるかもしれない。でも，どのクジラとも違う，まったく見たことのないクジラだった。

早速，この写真を，漂着鯨類研究の第一人者である，東京の国立科学博物館の山田 格(ただす)博士に転送したところ，ほどなく電話が掛かってきた。

「松石さん，たいへんだよ。これロングマンだよ。タ・イ・ヘ・イ・ヨ・ウ・ア・カ・ボ・ウ・モ・ド・キ！」
いつもは落ち着いたバリトンの山田先生の声がひっくり返っていた。

タイヘイヨウアカボウモドキ（英語名 Longman's beaked whale，学名 *Indopacetus pacificus*）は，世界でも最も珍しい鯨類の一種である。オーストラリアで発見された2つの頭蓋骨標本にもとづいて，1926年に H. A. Longman によって新種と報告され，その後いくつかの頭骨標本にもとづく遺伝的研究を交えて種名が確定したが，いずれも頭骨のみによる判定であったため，体色や体型などはわかっていなかった。全身が見つかったのは2002年7月26日に鹿児島で打ち上がった個体が初めてである。棲息域は，インド洋についてはアフリカに近い南西部からモルディブにかけて，太平洋ではオーストラリアから日本にかけての海域であり，一部，大西洋の熱帯海域にも棲息する。いずれも温暖な海域であり，北海道で発見されるとは誰も思っていなかった。新鮮な個体の全身が観察されたのは，これが世界で初めてであり，それまで想像を交えて描かれていた図鑑などの図も，この発見で大きく書き換えられることになった。

タイヘイヨウアカボウモドキ（2002年頃の国立科学博物館「世界の鯨」ポスターより）。外部形態や体色が不明だったため，破線で描かれている。

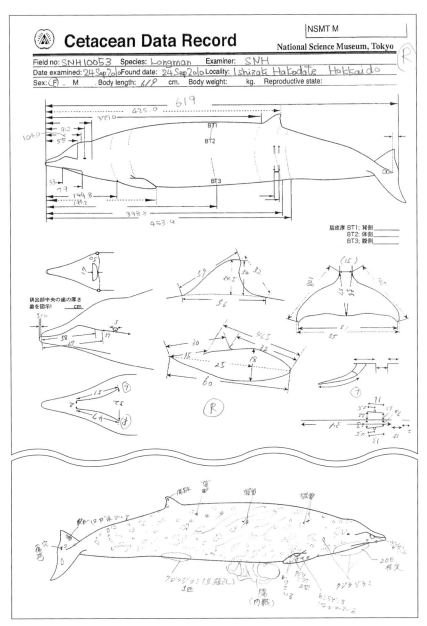

SNH10053の測定記録。SNH10053は整理番号で、SNHが2010年に受報した、53件目の寄鯨であることを示す。

流出しないように，船着き場に引き上げられた個体は，翌日，東京から駆けつけた国立科学博物館の調査隊と，北大水産学部[*1]を中心とする調査隊によって，現場で解剖された。

　この個体については，具体的な病気や致命的な怪我は見つからず，明確な死因は判明しなかった。ただ，得られた標本は，各研究所で分析，保管され，以後同種の標本を入手したときに比較されることになる。時間が掛かるが，少しずつ情報を蓄積していくことにより，本種の生態が明らかになっていくことであろう。そのために，どんなに小さな情報でも逃さずに，記録していく。

　我々は，2007 年に寄鯨調査団体「ストランディングネットワーク北海道（SNH）」を立ち上げ，北海道内で発生したイルカ・クジラの漂着，座礁，混獲，いわゆる「寄鯨（ストランディング）」の情報を収集し，現場に出向いて調査を行い，その情報や標本を研究者に提供することによって，鯨類と人類の共存や希少生物の保護につながるような研究を進めるために調査研究活動を行っている。

　北海道の海岸線は 3066 km[*2]。そこで発生した寄鯨の情報を 10 年間で 600 件以上集め，さまざまなことがわかってきた。この本では，その活動の一端を紹介する。

[*1] 厳密には，北海道大学の水産学教育・研究組織は，教職員組織である水産科学研究院，大学院生が所属する大学院水産科学院，学部生が所属する水産学部からなるが，本書では，これらをまとめて，北大水産学部と書く。

[*2] 北海道本島の海岸線の総延長。

第1章　鯨類とは

鯨は京きな魚ではない

　そもそも鯨類とは何なのか。サメとはどう違うのか。イルカとクジラはどう違うのか。シャチはイルカなのかクジラなのか。知っているようで，自信のない人も多いかもしれない。

　イルカ，クジラ，サメに共通しているのは，流線型の体型と胸鰭である。イルカ，クジラ，サメはどれも尾鰭を持っているが，イルカ・クジラの尾鰭が水平なのに対して，サメは垂直に付いている。すべてのサメは背鰭を持っているが，一部のイルカ・クジラには背鰭がない。イルカ・クジラにあってサメにないものは「噴気孔」，いわゆる潮吹きをする孔である。逆にサメにあってイルカ・クジラにないのは「鰓」である。

　生物学的には，「サメ」と呼ばれる種は魚類に属し，「イルカ」「クジラ」などと呼ばれる鯨類は哺乳類クジラ亜目に属する種である。サメは魚類なので，鰓呼吸をする。一方，イルカ・クジラは哺乳類なので，肺呼吸をする。口で息をすると呼吸の際に口を水面に出さなければならないが，イルカ・クジラは鼻に相当する器官を背中に移動させた噴気孔を持つことによって，口を水面上に出さなくても呼吸できるようになっている。いわゆる「潮吹き」と呼ばれる現象は，人が寒いときに息を吐くと白く見える現象と同じで，呼気に含まれる水蒸気が見えているのであって，海水を吹き上げているのではない。すべてのイルカ・クジラは呼吸のために定期的に浮上しなければならないので，深海魚のように深海でしか発見されないイルカ・クジラはいない。

呼吸のしかたは？		尾びれの動きは？
えら呼吸	サメ	横に動く
肺呼吸	イルカ	縦に動く

図 1.1　鯨類と鮫類の比較

図 1.2
シャチ（左）とネズミイルカ（右）
の噴気孔

クジラのヒゲは口のなかに生えている

　研究者によって数えかたが異なるが，最近，日本哺乳類学会が刊行した世界哺乳類標準和名目録によれば，鯨類（クジラ亜目）には 86 の種名が挙げられている。分類学的にはヒゲクジラ亜目とハクジラ亜目に分類される。

　ヒゲクジラ亜目は，口のなかにヒゲ板と呼ばれる板状のものが一定の間隔で生えているのが特徴である。ヒゲ板は，人の爪と同じケラチンでできていて，種によって大きさや色，形が異なる。上顎に左右に列をなして数 mm〜数 cm 間隔で生えていて，その数は，種や体長によっては最大 300 枚にもなる。1 枚のヒゲ板は細長い三角形をしていて，先はブラシ状になっている。ヒゲクジラは，小魚やイカ，プランクトンを海水ごと，いったん口のなかに入れ，ヒゲ板の間から海水を吐き出して餌を飲み込むという採餌行動をとる。

　一方，ハクジラ亜目にはヒゲ板がない。マッコウクジラは下顎に歯が生えており，魚類やイカ類をくわえて飲み込む。イルカ類は上顎，下顎ともに歯が生えている種も多い。ハクジラ亜目のなかでは比較的大きいアカボウクジラ科鯨

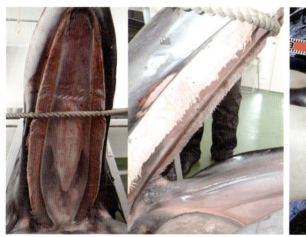

図 1.3　ヒゲクジラ（ナガスクジラの上顎。左：左右にすきまなくひげ板が生えている。中央：横から見たところ。等間隔でひげ板がならんでいる）とハクジラ（右：シャチ。するどい歯が上下に生えている）

図 1.4　松石研究室に飾られているさまざまな鯨種のヒゲ板

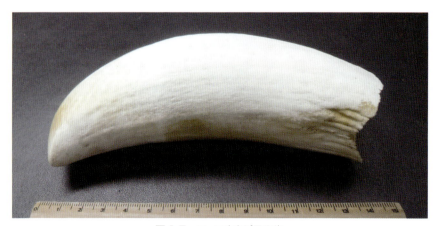

図 1.5　マッコウクジラの歯

類は数本の歯が生えていたり，まったく歯が見えない種もある。たとえば，オウギハクジラやハッブスオウギハクジラの雄は扇形の歯，イチョウハクジラは銀杏の葉のような形をした歯，コブハクジラは下顎の両脇がコブのようにせり上がっていて，その先に小さな歯が出ている。餌を採るための歯には見えな

い。オウギハクジラやハッブスオウギハクジラの雄は，闘争をするらしく，体表面に 1 対の歯で引っかかれたような，平行線の傷が見えることがある（50ページの図 3.21 参照）。しかし，雌や未成熟個体には歯が生えていない。というわけで，ヒゲクジラにはヒゲ板があるが，ハクジラはどれも歯が生えているわけではない。

なお，ヒゲクジラ亜目は 15 種で，すべて「クジラ」がつくのに対して，ハクジラ亜目は 71 種，名称は「クジラ」「イルカ」「ゴンドウ」「シャチ」などなど多様である。

クジラとイルカの見分けかた

では，クジラとイルカはどのように分類されるのか。実は生物学的には明確に分類されていない。日本語でクジラと呼ばれる種は，いちばん大きいナガスクジラが 21〜26 m，いちばん小さいニュージーランドオウギハクジラが 4.2〜4.5 m で，全部で 35 種前後いる。ヒゲクジラはすべてクジラという名前が付いているが，ハクジラでもマッコウクジラ，アカボウクジラ科鯨類には，クジラという名前が付いている。

一方，イルカと呼ばれている鯨種は全部で 38 種前後いて，いちばん大きい種はシロイルカ（ベルーガ）で 4.0〜4.5 m，いちばん小さい種はコビトイルカ，コガシラネズミイルカ（ヴァキータ），ネズミイルカで，いずれも 1.4〜1.7 m ほどである。イルカという名の付いたヒゲクジラはおらず，すべてがハクジラである。マイルカ科，ネズミイルカ科の鯨種の多くはイルカという名前が付いている。また，川に住む「カワイルカ」も 5 種知られている。概ね，成体で 4 m よりも大きいのがクジラで，それ以下がイルカと名付けられていると考えて，だいたい間違いない。

一方で，クジラともイルカとも名前の付いていない鯨種も多数存在する。前述のタイヘイヨウアカボウモドキは，アカボウクジラに似ているが，アカボウクジラモドキではなくアカボウモドキと，クジラが省略されてしまった。同様に，マッコウクジラが小さくなったような形のコマッコウ，オガワコマッコウ

という鯨種もいる。ご存じのシャチも鯨類であり、英語では Killer whale と言うが、日本語ではクジラともイルカとも言わない。また、マイルカ科にはゴンドウという名前のついた種が 7 種いて、体長は 2.7〜6.0 m と、イルカとクジラの中間的なサイズである。伊勢湾、三河湾、瀬戸内海などに多く棲息するスナメリもネズミイルカ科の鯨類である。

まだ新種の発見が続く

　分類体系は、現在でも議論があり、必ずしも確定していない。たとえば、ミンククジラは遺伝学的、形態学的、また骨学的再検討が行われ、2000 年前後に、南氷洋に棲息するクロミンククジラ *Balaenoptera bonaerensis* と北半球に棲息するミンククジラ *B. acutorostrata* の 2 種に分かれた。

　また、1998 年に山口県角島近海で航行中の船舶と衝突して死亡した個体が新種であることがわかり、2003 年にツノシマクジラ *B. omurai* と命名された。この研究の過程で、ツノシマクジラがニタリクジラと近縁種であることとともに、それまでニタリクジラと言われていたクジラがニタリクジラ *B. brydei* とカツオクジラ *B. edeni* の 2 種に分けられることも明らかになった。

　ストランディングネットワーク北海道が収集した標本のなかにも、新種ではないかと疑われている鯨類がいる。かつてオホーツク海で捕鯨をしていた人によれば、主に 9〜10 月に出現する大きめのツチクジラと、主に 4〜6 月に出現し、色が黒く体長が小さいツチクジラがいるという。

　ストランディングネットワーク北海道は、2008〜2009 年に合計 3 個体、後者の特徴を示す漂着個体から標本を入手した。北大水産学部の北村志乃らが遺伝子を解析したところ、遺伝子の差が通常のツチクジラ *Berardius bairdii* とツチクジラの近縁種であるミナミツチクジラ *B. arnuxii* の差よりも大きく、遺伝的に明らかに異なるため、通常ツチクジラと言っているクジラのなかに新種が含まれている可能性が高いことが明らかになり、2012 年に学術論文に発表している。

　遺伝学的研究だけでは、新種を新種であると証明できない。外部形態や頭骨

などの計測結果も含めて分析をし，その結果を発表して初めて新種と認められることとなる。2009年以降も，実は少なくとも4個体漂着しており，漂着地の絶大な協力のもとで標本が確保されている。

現在，国立科学博物館が中心になって，入手した標本から得られたデータのとりまとめが行われており，新種として発表される日は近い。

図 1.6　新種と疑われているツチクジラの一種（SNH12054）

大型鯨類より大きな小型鯨類

イルカ・クジラとは別に，「大型鯨類」「小型鯨類」という区分がある。これは，生物学的な分類でもなければ，大きさによる分類でもない。実は，法律用語である。

国際捕鯨委員会（International Whaling Commision：IWC）は，開催されるたびにテレビなどで報道される。IWCは，国際捕鯨取締条約に基づいて鯨資源の保存および捕鯨産業の秩序ある発展を図ることを目的に設立された国際機関である。このIWCで管理している鯨種のことを「大型鯨類」と呼んでおり，それは80種以上いる鯨類のうち，すべてのヒゲクジラとマッコウクジラ，キタトックリクジラ，ミナミトックリクジラの十数種だけである。イルカ，ゴンドウ，ツチクジラなど，その他の鯨類は「小型鯨類」と分類され，IWCの管理対象外である。

大型・小型と言うが，いちばん小さい「大型鯨類」であるミンククジラが8.5〜9.2 m であるのに対し，「小型鯨類」であるツチクジラは 10〜13 m であることからも，大きさで区分しているわけではない。

　IWC では 1982 年に商業捕鯨のいったん停止「モラトリアム」を採択し，1987 年の漁期を最後に，大型鯨類を対象とするすべての商業捕鯨を停止したが，小型鯨類にはその効力は及ばない。日本では，一部の小型鯨類について，水産庁の管理下で漁業が継続されている。これは，密漁でも調査目的でもなく，合法的な通常の商業漁業である。

　一方，大型鯨類については，商業捕鯨は停止されているが，科学調査を目的とした捕獲調査は加盟国の権利として国際捕鯨取締条約で認められており，日本は，南氷洋と北太平洋で捕獲調査を実施している。よく「調査捕鯨」と呼ばれるが，主な目的は捕鯨ではなく調査なので，正確には「鯨類捕獲調査」と言う。調査計画は何年かごとに見直され，南氷洋では 2015 年より「新南極海鯨類科学調査計画（New Scientific Whale Research Program in the Antarctic Ocean：NEWREP-A）」が，また北西太平洋では 2017 年より「新北太平洋鯨類科学調査計画（New Scientific Whale Research Program in the western North Pacific：NEWREP-NP）」が行われている。これらの調査は，鯨類資源の持続可能な利用と保全に関する科学的情報収集に加え，南氷洋では気候変動などの影響や生態系を理解することも目的としている。

鯨は絶滅に瀕している？

　よく，「鯨は増えているのか，減っているのか」といった質問をされることがある。実は，この質問には答えにくい。というのは，前述のように，鯨類は86 種もおり，そのなかには増加している鯨種もいれば，減少している鯨種もいる。

　たとえば南氷洋で行われていた各国の捕鯨は，1930 年代まではシロナガスクジラ，1930〜1960 年代にナガスクジラ，1960 年代後半からイワシクジラ，1970 年代から主にマッコウクジラ，1970〜1980 年代にミンククジラと捕鯨対

◆ 第 1 章 ◆ 鯨類とは　19

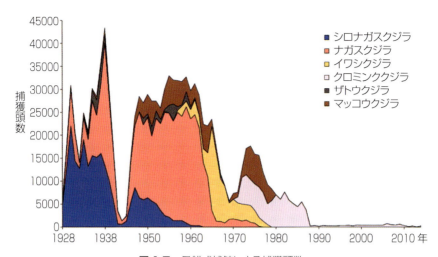

図 1.7　母船式捕鯨による捕獲頭数
（出典：水産庁「国際漁業資源の現況」http://kokushi.fra.go.jp/H28/H28_51.html）

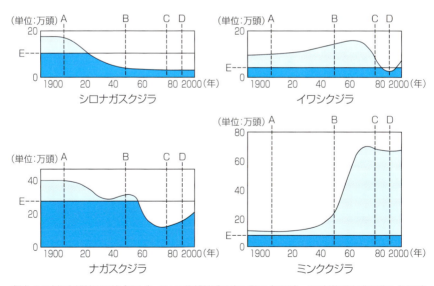

（注）A：南極海捕鯨の開始（1904）　B：国際捕鯨委員会の発足（1948）　C：新管理方式の導入（1975）
　　　D：捕鯨モラトリアムの実施（1986）　E：適正資源水準

図 1.8　個体数の変動（出典：日本鯨類研究所「捕鯨問題の真実」）

象種を変化させてきた。これは，主に乱獲による個体数減少と，それにともなう捕獲禁止措置などによるものである。

　この捕獲にともない，たとえばシロナガスクジラは個体数を大きく減らし，現在も回復していないと考えられている。一方，ナガスクジラは捕獲が禁止された 1980 年代から回復傾向。イワシクジラも一時，個体数を減らしたが，回復傾向にある。ミンククジラは 1920 年代には 10 万頭程度だったのが，捕獲対象となっていたシロナガスクジラ，ナガスクジラ，イワシクジラなどの減少によって余った餌を捕食して，1980 年代には 70 万頭あまりまで増加したと考えられている。

　また，近年，北海道日本海沿岸の漁業者から，鯨が増えているとの声を聞く。残念ながら近年の日本海での鯨類の個体数の増減を示す科学的な調査結果はない。しかし，ここ数年，北海道日本海沿岸の主な漁業資源であるスケトウダラ，スルメイカなどの資源の減少が著しい。以前は，沖合で鯨類が捕食し，沿岸で漁業者が操業していたため，漁業者が鯨類に遭遇する機会は少なかったが，漁業資源の減少によって漁場が狭まり，遭遇の機会が多くなったのではないかと考えている。

　以上のように，鯨類を知る上で極めて大切な基礎知識をお話しした。

- 鯨類は 86 種もいること
- イルカとクジラは大きさで分かれていて，生物学的な分類ではないこと
- 国際条約で捕鯨禁止になっている鯨類は大型鯨類と呼ばれる十数種だけであること
- 種によって増えている鯨種もあれば，減っている鯨種もあること

といった基本を知っただけでも，鯨類に関するさまざまな話の見通しが良くなると思う。

第2章　寄鯨

鯨が打ち上がると地震が起きるのか

　ときどき報道で，「鯨が打ち上がった」といった情報を目にすると思う。とくに，2011年2月22日にニュージーランドのクライストチャーチで発生したカンタベリー地震（M6.1）の2日前に，同国南部のスチュワート島にオキゴンドウと思われる鯨類107頭が座礁したこと，その後，2011年3月4日に茨城県鹿嶋市の下津海岸で発生したカズハゴンドウ50頭あまりの大量座礁の7日後に東北地方太平洋沖地震（M9.0）が発生したことから，地震との関連で一気に関心が集まった。統計学的には関係がないとの論文も発表されているが，不吉な予感がしてしまう。

　この現象は，古くから注目されている。たとえば人見必大が1697年に出版した当時の食材を網羅した書籍『本朝食鑑』の鯨の項目には以下のような記述がある。

> 寄鯨といって，数百頭の鯨が岸に衝き上り，帰り去れずに乾死することがあり，その一浦村では大いに喜び，これをあきない，その県の守令も大いに富んだという。

　寄鯨の原因，とくに生きた鯨類が群れで沿岸に押し寄せるマスストランディングについては，さまざまな研究がなされている。たとえば，寄生虫によって方向感覚を司る耳に異常が生じるとする説，地磁気の乱れによって回遊経路を見誤るという説，シャチなどの天敵から逃げるために沿岸に近寄りすぎてしまうという説，冷水塊などに行く手を阻まれて低体温症になるという説などがあ

る。ほとんどの場合，マスストランディングは砂浜で発生する。これは，イル
カのエコーロケーション（音を出してその反響を聞いて，まわりの様子を知
ること）が，砂浜では音が吸収されて機能しないためと考えられている。そこ
で，何らかの理由で沿岸寄りに回遊し，エコーロケーションも機能しないため
に，気がついたときには浅瀬に近づきすぎて打ち上がってしまうということな
のだろう。

　一方，死亡漂着の原因の多くは「自然死」と考えられる。考えてみれば，鯨
類に限らず，この世に生を受けた者はいずれ死を迎える。したがって，鯨類の
個体数が長期的に安定しているならば，生まれた数だけ死亡する個体がいるは
ずである。水産庁の調査によれば，日本近海に棲息するイシイルカだけで30
万頭いて，死亡個体のうち，沿岸に漂着する個体は数千分の1と極々わずかで
ある。死亡した個体の多くは人間の目に触れず，たまたま沿岸に漂着した個体
が，たまたま沿岸の人に発見されて報告されるのである。とはいえ，人間活動
の影響によって死亡したと考えられる個体が打ち上がることもあるし，死亡個
体から病変が発見されることも少なくない。

寄鯨報告急増中

　現在は，日本鯨類研究所，国立科学博物館，下関海洋科学アカデミー鯨類
研究室が，全国の寄鯨情報を集めており，その数は年間300件近くにもなる。
我々ストランディングネットワーク北海道（SNH）が情報収集を始める前は，
北海道では年間20～30件のストランディング情報が報告されていたが，SNH
が活動を開始してから，その数は年間60件近くになった。これは，鯨類の漂
着が多くなったからではなく，報告先が明確になり，通報率が上がったためと
考えられる。

　鯨類の寄鯨の発生数，寄鯨報告数，調査数の関係を示す寄鯨方程式を以下に
示す。

> 寄鯨発生数＝鯨類個体数 × 死亡率 × 漂着率
> 寄鯨報告数＝寄鯨発生数 × 発見率 × 報告率
> 寄鯨調査数＝寄鯨報告数 × 調査率

　鯨類は寿命が長く，親が子供の世話をするため，魚類などに比べて個体数の増減は少ない。また恒温動物なので，多少の水温の変化が行動や生残に影響することはなく，また，数日間，餌に遭遇できなくても，餓死するようなことはないので，寄鯨発生数に影響する鯨類個体数や死亡率が，魚類のように年々大きく変化することは考えられない。漂着率は地形や海流で決まり，これも通常は変化しないので，寄鯨発生数が急激に変化することはないだろうと考えられる。

　発見率は海岸近くの人通りなどに影響されると考えられ，北海道の場合，雪解けが遅いと雪に埋もれて漂着個体が発見されにくいといったことはあるかもしれないが，これも年によって大きな変化が起こるとは考えられない。

　しかし，報告率は努力によって急激に増加させることができる。たとえば，漂着が起こったときの連絡先を新聞に掲載したり，関係機関に依頼したりして周知するといったことが考えられる。したがって，SNH の発足によって寄鯨報告数が 2 倍以上に増えたのは，報告率の増加によるものだと考えられる。ストランディングネットワークなどがまだ整備されていない地域は日本国内に多くあるため，全国でストランディングネットワークが整備されれば，国内の寄鯨報告数が今後急増することも考えられる。

　SNH を発足させ，帯広畜産大学や東京農業大学オホーツクキャンパスなどと連携することによって，北大水産学部がある函館からは遠くて出向きにくい場所での調査も可能になり，調査率も上がった。

　SNH では，死亡個体から得られた標本を各研究機関に無償無条件で譲渡しており，それらの標本を用いて，多くの研究が行われている。このように，ストランディングネットワークを組織することによって，研究がより進むようになったのである。

海岸線3066kmで寄鯨を集める

　SNHを立ち上げて最初に行ったことは，告知活動である。関係官庁や漁業協同組合，水族館，博物館などに文書を送って，寄鯨があったら通報専用電話

図2.1a　SNHパンフレット（1～2ページ）

「北海道いるか・くじら110番」へ連絡してくれるように依頼する。報道機関にもお願いして，新聞記事やニュースで取り上げてもらう。また，パンフレットをつくって，博物館や水族館に置いてもらい，一般の人にも広く宣伝する。ホームページやSNSでの広報も欠かせない。

ストランディングとは
イルカやクジラの座礁・漂着・混獲・河川港湾への迷入など，通常の生息状態ではない状態にあることを寄鯨（よりくじら）あるいはストランディングといいます。

生きたまま座礁・迷入した場合は，うまく対処すれば命を救えることもあります。

鯨類は洋上ではなかなか細部まで観察できません。ストランディングによって死んでしまった個体は貴重な学術標本です。ストランディングの個体調査から新種が発見されることもあります。

SNHの活動
ストランディングネットワーク北海道（SNH）は，北海道沿岸で発生したストランディングの情報収集と標本採取等の調査を行う研究グループです。2007年に創立し，今までに600件以上のストランディング情報を収集しました。

生存個体は，専門知識と経験を駆使し，なるべく生残できるように対処して海に帰します。死亡個体については，学術目的で標本の収集や死亡個体の回収を行い，無償・無条件で希望する研究機関に標本を譲渡しています。

この活動を通じて，鯨類と人類の共存や，希少鯨類の保全に関する鯨類研究の発展に貢献したいと考えています。

メーリングリストにご加入ください
SNHのメーリングリストにご加入下さい。道内で発生したストランディングの速報を受け取ることができます。
http://bit.ly/SNH_ML

標本を活用してください
学術目的で，SNHの標本をご利用になりたい場合は，御相談下さい。なお，過去のストランディングの標本は原則として全量，研究機関に譲渡しております。譲渡可能な標本は今後発生するストランディングに限られます。

応援してください
SNHではご寄付を受け付けております。いただきましたご寄付は，調査費用として有効に活用させていただきます。また，ご希望に応じて，ホームページ，報告書に寄贈者名を表示致します。詳しくは，お問い合わせ下さい。

標本配分機関
国立科学博物館　愛媛大学　日本鯨類研究所　東京大学　北海道大学　帯広畜産大学　酪農学園大学　東京農業大学　北海道医療大学　北海道薬科大学　北里大学　北海道環境科学研究センター　他

SNH標本を用いた学術論文掲載誌
Chemosphere, Marine Pollution Bulletin, Marine Environmental Research, PLoS ONE, Marine Ecology Progress Series, Marine Biology, Marine Mammal Science, Journal of Acoustical Society of America, Genetics and Molecular Biology, Fisheries Science, Mammal Study, 日本セトロジー研究, 酪農学園大学紀要, 利尻研究 他

学会発表等
日本セトロジー研究会，日本水産学会，日本薬学会，海洋音響学会，日本生態心理学会，漂着物学会，日本哺乳類学会，野生動物医学会大会，環境化学討論会，PICES Workshop, World Fisheries Congress, Asian Fisheries Acoustics Society Meeting, Asian Society of Conservation Medicine Meeting, Biennial Conference on the Biology of Marine mammals, European Conference on Behavioural Biology, American College of Veterinary Pathologists (ACVP) and American Society for Veterinary Clinical Pathology (ASVCP) Concurrent Annual Meeting, 他

ストランディングネットワーク北海道
Stranding Network Hokkaido (SNH)
代表：松石　隆（北海道大学教授　鯨類学・水産資源学）
事務局：〒041-0821 北海道函館市港町3－1－1
　　　　北海道大学松石研究室内
Tel: 090-1380-2336　e-mail: kujira110@gmail.com
　　　　　ホームページ：http://kujira110.com/
facebook yorikujira　twitter @yorikujira

2017.6

図 2.1b　SNHパンフレット（5～6ページ）

また，収集した情報を発信するために，メーリングリストやホームページを作成する。メーリングリストは，寄鯨があった場合に速報を送るためのものである。誰でもメールアドレスを登録できるようにしてある。ホームページ http://kujira110.com は，収集した情報を公開するためのものである。

パソコンからでもスマートフォンからでも見ることができる。また，過去の寄鯨も検索できるようになっている。

実際に寄鯨が発生したときには，以下のようなメールが，メーリングリストに流れる。

件名：SNH18010［漂着］留萌郡小平町（日本海）ツチクジラ
SNH 整理番号：SNH18010
発見日時：2018 年 4 月 3 日
受報日時：2018 年 4 月 3 日
場所：留萌郡小平町鬼鹿広富　海岸（日本海）
緯度・経度：44.150370N 141.653550E
状況・経緯：［死亡・腐敗進行］留萌市役所より SNH へ通報
同時発見頭数：1
体長：9.4m ／北海道新聞社
鯨種：ツチクジラ _Berardius bairdii_ ／ SNH
性別：不明
写真：留萌市役所
通報経路：留萌市役所→SNH
調査・標本採集：出動せず。
備考：
画像・追加情報：http://www.kujira110.com/
※速報につき，今後変更がある可能性があります。

また，情報収集を行い，あるいは調査に出向いて，情報を確認，更新した後で，ホームページに画像とともに漂着情報を公開する（図 2.2，図 2.3）。

条件が整えば調査に出向く。漂着場所が特定できない場合，調査地に着く前に処分されてしまう場合，流出の恐れがある場合，現場に近づけない場合，腐敗が非常に進んでおり標本が入手できない可能性が高い場合，あるいは稀に調査員の手配が付かない場合などは，調査を断念することもあるが，鯨種や状態，

◆ 第 2 章 ◆ 寄鯨　27

Stranding Network Hokkaido
ストランディングネットワーク北海道

検索

HOME　速報　漂着情報　漂着したら　お知らせ　参考　リンク　連絡先

ストランディングネットワーク北海道は、北海道内における鯨類の座礁・漂着・混獲(ストランディング)調査の重要性を啓発し、その情報と標本を広く収集して一般市民・学術研究者に公表・配分することにより、海洋と鯨類に関する啓発と理解を深めることを目的とした調査・研究グループです。

ストランディングを受報すると、メーリングリストでお知らせします。こちらよりご登録ください。

[写真 SNH13008]

<>新着情報

2018-08-03
NEW! SNH18025 [座礁] 苫小牧市錦岡[太平洋]　スジイルカ

2018-08-03
SNH18024 [漂着] 小樽市銭函[日本海]　カマイルカ

2018-08-03
SNH18023 [漂着] 小樽市銭函[日本海]　カマイルカ

2018-08-03
SNH18022 [漂着] 根室市落石[太平洋]　セミクジラ

図 2.2　SNH のホームページ

Stranding Network Hokkaido
ストランディングネットワーク北海道

検索...

| HOME | 速報 | 漂着情報 | 漂着したら | お知らせ | 参考 | リンク | 連絡先 |

SNH18025 [座礁] 苫小牧市錦岡(太平洋)　スジイルカ

2018-08-03 by staff02 | 編集

以下のストランディングがありました。
SNH整理番号：SNH18025
発見日時：2018年8月1日14時00分
受報日時：2018年8月1日14時42分
場所：苫小牧市錦岡地先海岸
緯度経度：42.608398N 141.512650E /[地図]
状況・経緯：[生存→死亡・新鮮]市民が座礁しているのを発見し，苫小牧漁組に通報。市民らが救助活動を試みたが15時前に死亡。苫小牧市環境生活課，室蘭建設管理部苫小牧出張所からSNHに通報。
同時発見頭数：1
体長：216.9㎝／SNH
鯨種：スジイルカ *Stenella coeruleoalba*／SNH
性別：♂
写真：SNH
通報経路：匿名住民→苫小牧漁業協同組合→苫小牧市農業水産振興課→苫小牧市環境生活課→SNH
調査・採材：8/1にSNHが現場にて解剖，採材
備考：

カテゴリー

カテゴリー

カテゴリーを選択　▼

最近の投稿

SNH18025 [座礁] 苫小牧市錦岡(太平洋)　スジイルカ 2018-08-03

SNH18024 [漂着] 小樽市銭函(日本海)　カマイルカ 2018-08-03

SNH18023 [漂着] 小樽市銭函(日本海)　カマイルカ 2018-08-03

SNH18022 [漂着] 根室市落石(太平洋)　セミクジラ 2018-08-03

SNH18021 [漂着] 白糠町刺牛(太平洋)　スジイルカ 2018-08-03

図 2.3　公開された漂着情報の例

場所を限ることなく，北海道内ならば，可能な限り出動するようにしている。現地に行ってみたら思わぬ発見があった，ということもあるし，条件が悪くても調査に行くと，現地の人が我々の熱意を理解してくださって，次回も通報していただける，といったメリットもある。ただ，行ってみたけれど見つけられなかったとか，吹雪のなかを遠路はるばる出向いたのに，鯨体が凍りついていて，思うような調査ができなかったというようなことも，しばしばである。

　私自身もなるべく出動するように心がけているが，松石研究室の大学院生や学生団体である北海道大学鯨類研究会の協力がなければ，続けることはできない。道東方面の寄鯨は，東京農業大学オホーツクキャンパス（網走）や帯広畜産大学の研究者に調査を依頼することもある。また，イルカをまるごと回収したり，筋肉だけを切り取って送ってもらったりする作業は，協力的な漁業者さんや地元の方，役場の方にお願いすることもある。

寄鯨調査は解体ショーではない

　我々が調査に出向いた場合，調査項目は多岐にわたる。はじめに綿密に行われるのが，外部形態測定と写真撮影だ。解剖する前に，1時間以上かけて，精密に体長や鰭の形などを測定し，体についている傷や模様も記録していく。

　その後，個体はていねいに解剖される。採取する部位は，筋肉，脂皮，心臓，肺，肝臓，腎臓，胃，腸，膵臓，脾臓，生殖腺，脳，血液，歯またはヒゲ板，舌，骨格，甲状腺など多岐にわたり，鯨種や新鮮度に応じて，研究機関からの要望に合わせて配分される。たとえば，胃からは死ぬ直前にこの個体が食べた餌が出てくる。すでに消化されていてわかりにくいこともあるが，骨，耳石（魚の頭部に入っている硬い組織），イカやタコの顎板（カラストンビ）など，固い部分が消化されずに残りやすいので，胃の内容物からこのような組織を回収して，何を食べたかを調べる。また，体の外側を覆う脂皮には，PCBなどの化学汚染物質が蓄積されやすいので，専門に分析している大学や研究所へ送って，研究に役立ててもらう。各臓器は病理の専門家が分析して，病気の有無を調べる。骨格は国立科学博物館などに移送し，骨格標本として永久に保管されることもある。

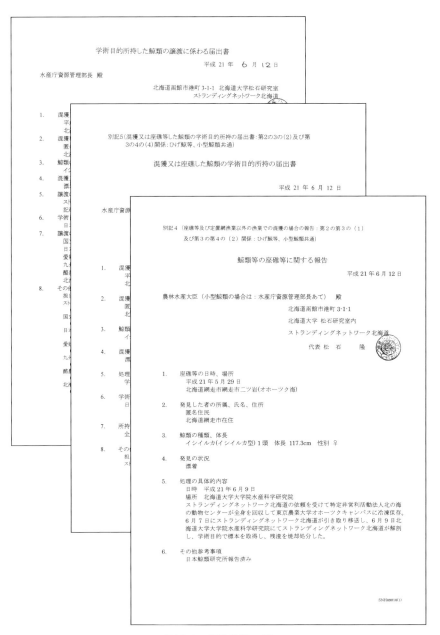

図 2.4 報告書類の例

調査から帰ってきたら，水産庁への報告書類をつくらなければならない（図2.4）。寄鯨の個体を学術研究に使用する場合には，水産庁に所定の届出をすることが水産庁通達で求められている。もしSNHがなければ，標本を取得した各研究機関が書類を作成，提出する必要があり，非常に煩雑になる。しかし，SNHがいったん標本を取得してから各研究機関に譲渡することにより，ほとんどすべての書類をSNHがつくることができ，事務的にはたいへん簡略化できる。書類に記載する内容は，メーリングリストやホームページに記載する内容と重複している。このため，情報をエクセルに入れるだけで，メーリングリストもホームページも，また水産庁への提出書類も自動的に作成できるようにしてある。作成した書類は，北海道庁の出先機関である振興局，北海道庁を通じて水産庁へ提出する。

601件の寄鯨報告

　これらの活動によって得られた成果を説明しよう。寄鯨報告件数は2007～2016年で601件，645個体になった。年平均60件である。増減があるが，年40～80件で推移している（図2.5）。1997～2006年の平均は30件程度だったので，報告件数は約2倍となったことになる。

　年間件数は，都道府県別では1～2位である。1位は愛知県であることが多

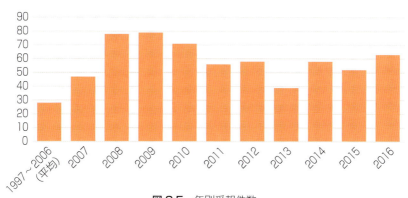

図2.5　年別受報件数

い。愛知県には水産資源保護法により漂着を必ず報告しなければならない鯨種であるスナメリが多数棲息しており，現地の寄鯨情報収集体制も整っているため，多くの漂着報告が上がる。

　北海道の寄鯨の特徴は多くの種が漂着することである（表 2.1）。沿岸近くに棲息し，漁業者の網で混獲されることの多いネズミイルカが 166 件と最も多く，次いで，棲息数が多く，また混獲個体を販売するときには報告の義務があるミンククジラ 117 件，棲息数が多いイシイルカ 98 件，カマイルカ 48 件となっている。以下，寄鯨すると発見されやすいクジラ類，ゴンドウ類が続くが，希少種のハッブスオウギハクジラ，南方種と考えられているセミイルカなども含まれる。そして冒頭に紹介したタイヘイヨウアカボウモドキのような世界的に珍しい鯨種も漂着することがあるのだ。種名が確実に判別できたものだけで 22 種に及び，日本周辺に棲息する鯨類の半分以上の種が，北海道沿岸にこの 10 年間で漂着したことになる。

　漂着場所は北海道全域に及ぶ（図 2.6）。函館〜稚内は 620 km，函館〜羅臼は 680 km，いずれも車で 10 時間かかるが，この 10 年のあいだに何度も出向いた。

表 2.1　SNH の種別受報数

鯨種	件数	個体数	鯨種	件数	個体数
ネズミイルカ	166	179	スジイルカ	4	4
ミンククジラ	117	117	コビレゴンドウ	3	3
イシイルカ	98	127	コマッコウ	3	3
カマイルカ	48	50	セミイルカ	2	2
オウギハクジラ	21	21	セミクジラ	2	2
マッコウクジラ	17	17	ハナゴンドウ	2	2
ツチクジラ	16	16	オガワコマッコウ	1	1
ザトウクジラ	13	13	オキゴンドウ	1	1
アカボウクジラ	9	9	コククジラ	1	1
シャチ	6	6	タイヘイヨウアカボウモドキ	1	1
ナガスクジラ	5	5	種不明	60	60
ハッブスオウギハクジラ	5	5			
			合計	601	645

◆ 第 2 章 ◆ 寄鯨　33

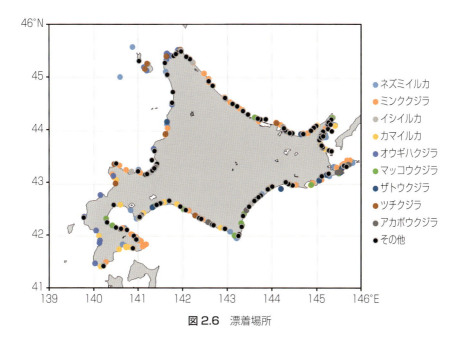

図 2.6　漂着場所

図 2.7　調査隊が走ったルート

調査中に新たな漂着の情報が入り，直接出向くこともある。2015年4月11日，利尻島でオウギハクジラ（SNH15010）が漂着し，院生が出向いて4月14日に調査をしていたところ，襟裳岬に近い様似町で，珍しいハッブスオウギハクジラ（SNH15011）の漂着があった。朝まで生存していたということで，函館に残っていた院生と私は，14日のうちに様似町に向かい，現場近くのホテルに1泊して，翌15日朝からの現地解剖調査に参加したが，14日の夕方に利尻島から北海道本土に戻った調査隊も，夜通し北海道の北端から南端まで走り，調査に参加したのである（図2.7）。院生のバイタリティーと好奇心に感服した。

第3章 北海道にストランディングする鯨類たち

　前章で述べたように，ストランディングネットワーク北海道が2007～2016年に受報したストランディングは601件・645個体，少なくとも22種が確認されている。

　ここでは，北海道でストランディングが発生する種を選んで，その特徴や，その鯨種にまつわるエピソードを紹介しよう。

ネズミイルカ──報告件数第1位

　ネズミイルカは，北半球の温帯から亜寒帯沿岸に広く棲息する小型のイルカである。イルカは英語でドルフィン dolphin またはポーパス porpoise と言われ，前者はハンドウイルカなど口先のとがったイルカを指す。ネズミイルカは口先がとがらず頭の丸いポーパスである。

分類：ハクジラ亜目 ネズミイルカ科
学名：*Phocoena phocoena*　英名：Harbour Porpoise
SNHストランディング報告件数：第1位　166件・179頭（2007～2016年）

図3.1　ネズミイルカ

特徴がないのが特徴と言われるぐらい明確な特徴に乏しい。背中は濃いグレーで腹側は白い。口角から胸鰭にかけて黒い線が目立つことが多い。体長は成獣で1.4〜1.7 mで，メスのほうが大きい。食性は，底でじっとしているようなタラなどの魚類から，小型のダンゴイカ科イカ類，イカナゴなど，幅広い餌生物を利用している。

大西洋，とくに北海では刺網などによるネズミイルカの混獲が多数発生していて，ネズミイルカや混獲に対する研究も進み，混獲を防ぐための対策なども進んでいる。しかし，日本周辺のネズミイルカについては，ほとんど情報がない。

ネズミイルカがストランディングする場所は，太平洋，日本海に広く分布するが，とくに函館，室蘭，襟裳岬，根室〜羅臼，宗谷岬付近，石狩湾で発見が多い。

松石研究室で博士号を取った田口美緒子の集計では，2009年までに日本全国で報告されたストランディング240件のうち，74％が漁業の混獲によるも

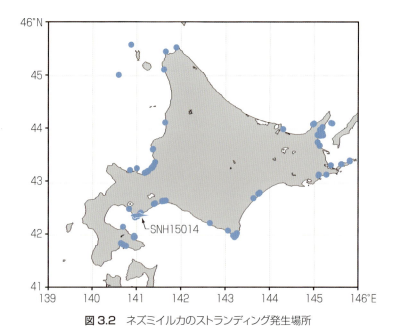

図3.2　ネズミイルカのストランディング発生場所

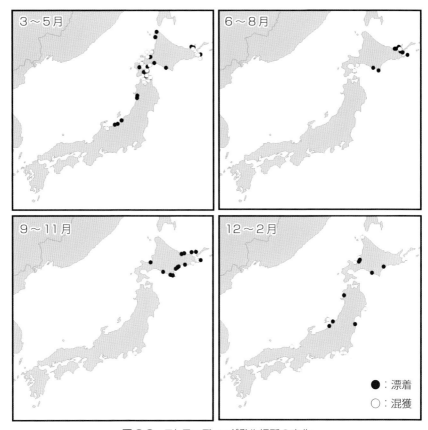

図 3.3 ストランディング発生場所の変化

のであった。日本全国のストランディング位置を地図上にプロットしたところ，3〜5月には，津軽海峡付近を中心に，新潟から宗谷岬までや根室海峡付近に分布していたものが，6〜11月には，本州と津軽海峡付近ではほとんど発生せず，襟裳岬と根室海峡付近に限定されているのがわかる。12〜2月には，再び本州でもストランディングが発生している。

残念ながらロシア海域でのストランディング発生状況の情報は入手できないが，繁殖場所はオホーツク海北部や日本海北部のサハリン沿岸などにあり，冬季は流氷などを避けるために日本沿岸に南下していると考えるとつじつまが合いそうだ。

図3.4　SNH15014（登別市）

　2018年現在，小樽市にあるおたる水族館では4頭のネズミイルカが飼育されている。これは，松石研究室が臼尻の定置網から保護収容した個体のうち，獣医の判断により水族館に移送して長期飼育をしたほうがよいと判断された個体を移送して，学術研究目的で飼育してもらっているものである。アツコという名前のついたメスの個体は，飼育下で3回の出産を経験している。1回目は流産，2回目は出産したが，すぐに死亡。3回目は2017年5月に出産し，母親の哺乳行動が見られないため，飼育員が24時間態勢で人工哺育をしたが，13日後に肺炎により死亡した。ネズミイルカの飼育は，おたる水族館を含め，世

図 3.5 分娩を始めたアツコ（2017 年 5 月）

界で 4 つの水族館でしか行われていない。デンマークの水族館でも何度か飼育下で出産したが，長期間生存した例はまだない。

　松石研究室では，おたる水族館で飼育されている個体を使って，混獲防止策を開発するために，通過可能幅の測定や，エコーロケーションと視覚の使い分けの研究，また，ネズミイルカが嫌がって逃げていくと考えられる音の忌避効果測定などの実験を行っている。また，出産に至るまでの血中ホルモンの変化を分析したり，出産前後の行動を観察し，飼育下での繁殖についても研究している。

　ちなみに，ネズミイルカは食用にはならない。食べるとお腹を壊す。積極的に捕獲された過去はなく，今後積極的に捕獲される理由もない。しかし，沿岸に棲息するために，混獲や海洋汚染など，人間活動の影響を受けやすい種である。人間と共存できるように，混獲防止に関する研究や技術開発を進めるなど，科学技術が貢献できることを探していきたい。

ミンククジラ──目印は胸鰭の白い帯

　成熟すると 8.5〜9.2 m になるヒゲクジラである。北半球の氷縁域から熱帯域に広く棲息する。時に沿岸近くに出現することもある。津軽海峡でもしばしば目撃されている。雑食性で，サンマ，スケトウダラ，カタクチイワシ，マイワシ，マサバ，イカナゴ，スルメイカ，オキアミなど，主にそのときその場所に多く棲息している浮魚類を餌としている。

　南半球に棲息するクロミンククジラ *Balaenoptera bonaerensis* も以前は同種と考えられていたが，遺伝学的研究により，国際捕鯨委員会は 2001 年から別種として扱うようになった。

　他のヒゲクジラに比べて頭部がとがっており，胸鰭に白い帯が付いているのが特徴である。初夏に北部太平洋岸を北上し，夏には北海道沿岸，千島列島沖合を回遊，秋から冬にかけて北緯 30 度以南へ回遊すると言われている。オホーツク海・西太平洋に少なくとも約 2 万 5000 頭おり，増加傾向にあると，水産庁は推定している。

　北海道沿岸では，太平洋，根室海峡，日本海で広くストランディングが報告されているが，すでに水産庁が大規模な捕獲調査を行って科学的な知見が蓄積されていることもあり，ストランディング個体を使った研究はあまりされていない。

分類：ヒゲクジラ亜目 ナガスクジラ科
学名：*Balaenoptera acutorostrata*　英語名：Common Minke whale
SNH ストランディング報告件数：第 2 位　117 件・117 頭（2007〜2016 年）

図 3.6　ミンククジラ

◆ 第 3 章 ◆ 北海道にストランディングする鯨類たち　41

図 3.7　SNH18003（函館市）

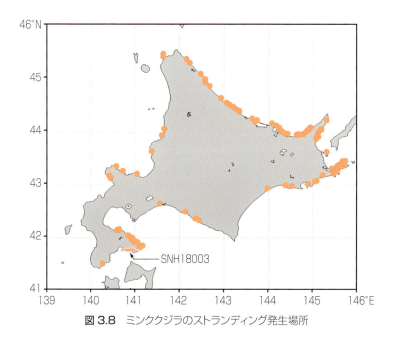

図 3.8　ミンククジラのストランディング発生場所

イシイルカ ──日本近海に35万頭が棲息

　日本近海のイシイルカには，イシイルカ型とリクゼンイルカ型の2種類がある。リクゼンイルカ型はイシイルカ型に比べて腹部の白い模様が大きいのが特徴だ。成体は1.8〜2.2 mになる。

　イシイルカは食用のために捕獲されており，水産庁の統計によれば，商業捕鯨が禁止された1988年には1年間に約4万頭が捕獲されていたが，徐々に捕獲個体数は少なくなり，とくに東日本大震災のあった2011年以降は主要な水揚港がある三陸沿岸が被害を受けたのをきっかけに捕獲頭数が激減し，2016年には1000頭ほどとなっている。

　日本近海の資源量は非常に多く，水産庁の発表によれば，イシイルカ型は17万頭，リクゼンイルカ型は18万頭いるとされる。実際に，北大練習船おしょろ丸の乗船実習航海で9〜10月に道東方面へ行くと，毎年多くのイシイルカに遭遇する。

　イシイルカの餌は1980年代にはマイワシ，1990年代にはスケトウダラやハダカイワシが主であったとの報告があるが，2007年以降に北海道でストランディングした個体の食性を調べたところ，主な餌はテカギイカなど人間が食べない中深層性イカ類が主であることがわかった。コアラやパンダのように，特

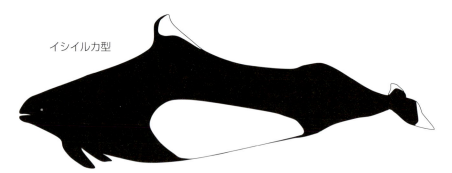

分類：ハクジラ亜目 ネズミイルカ科
学名：*Phocoenoides dalli*　英名：Dall's porpoise
SNHストランディング報告件数：第3位　98件・127頭（2007〜2016年）

図3.9　イシイルカ

◆ 第 3 章 ◆ 北海道にストランディングする鯨類たち　　43

図 3.10　SNH15025（宗谷郡猿払村）

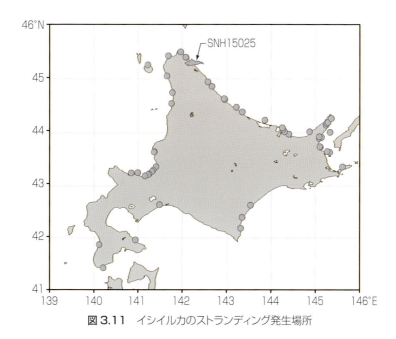

図 3.11　イシイルカのストランディング発生場所

定の餌しか食べないという動物もいるが，多くの鯨類はその時期その場所に多くいる餌を食べる。

　北海道でのストランディングは，石狩湾，宗谷〜オホーツク海，根室海峡で多い。イシイルカ型とリクゼンイルカ型の区別がついた個体はすべてイシイルカ型であった。平均すると年間10件程度の報告があるが，年によって変動が大きく，2008年には16件，2014年には20件の報告があった（図3.12）。前者は石狩湾，後者はオホーツク海で，いずれも6月に多くの報告が上がっている。何らかの理由で，沖合で大量の斃死が起こり，流れ着いたのではないかと推察されるが，いずれも腐敗が進んでおり，原因の解明には至らなかった。

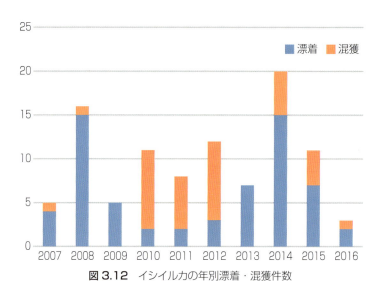

図3.12　イシイルカの年別漂着・混獲件数

カマイルカ —— 背鰭が鎌の形をしてるから

　背鰭が鎌形をしていることからカマイルカという名前になったと言われている。北太平洋の温帯域に広く分布しており，太平洋には5万7000頭，日本海には8万〜10万頭が棲息していると言われている。体長は成体で1.7〜2.3 m。活発に行動し，高速で泳ぎながら，体全体を見せるジャンプを頻繁にする。時

◆第3章◆ 北海道にストランディングする鯨類たち　45

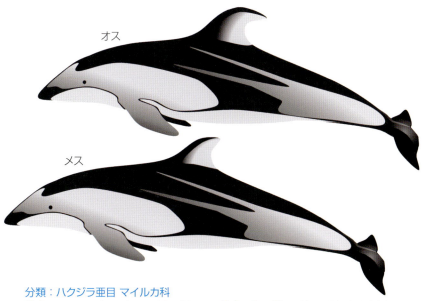

分類：ハクジラ亜目 マイルカ科
学名：*Lagenorhynchus obliquidens*　英名：Pacific white-sided dolphin
SNHストランディング報告件数：第4位　48件・50頭（2007〜2016年）

図3.13　カマイルカ

図3.14　SNH09015（苫小牧市、提供：苫小牧市）

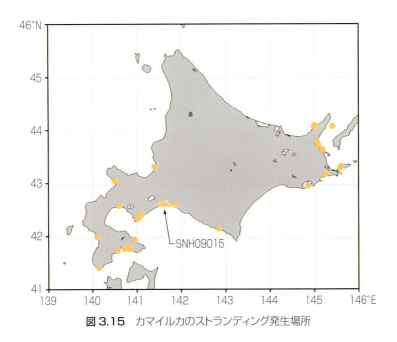

図3.15 カマイルカのストランディング発生場所

には百頭を超えるような大群をつくる。ストランディング個体の胃内容物分析によると、餌はマイワシやカタクチイワシ、スルメイカなど、表層性、集群性の餌生物である。

　カマイルカのストランディングは、津軽海峡沿岸、太平洋岸の室蘭〜苫小牧、道東、根室海峡で多く発生する。前述のように日本海にも棲息するが、日本海沿岸でのストランディングの報告は少ない。

オウギハクジラ──口から扇形の歯がとび出している

　歯が扇形をしていることから、オウギハクジラと言われる。歯は成熟したオスのみに生えている。メスを巡ってオス同士が戦う際に、歯で相手の体をこするとみられ、オス成体の体表には平行な傷跡が多数見られる。メスや幼体は同じくオウギハクジラ属のイチョウハクジラと外見が似ていて、見分けが付きにくいが、これまで日本海に漂着したオウギハクジラ属鯨類でイチョウハクジラ

と同定された個体はない。体長は成体で 4.5〜5.3 m。食性はドスイカ，タコイカ，テカギイカなどの中深層性のイカ類が主である。

本種については，1990 年代まで，ほとんど知られていなかったが，日本セトロジー研究会（当時は日本海セトロジー研究会）の調査研究により，徐々に明らかになってきた。日本海に相当の個体数が棲息し，石川県から新潟県の海域で出産している可能性が高いと考えられている。

分類：ハクジラ亜目 アカボウクジラ科 オウギハクジラ属
学名：*Mesoplodon stejnegeri*　英名：Stejneger's Beaked Whale
SNH ストランディング報告件数：第 5 位　21 件・21 頭（2007〜2016 年）

図 3.16　オウギハクジラ

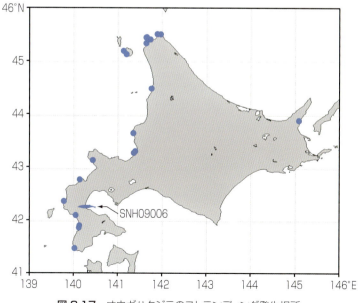

図 3.17　オウギハクジラのストランディング発生場所

図3.18 掘り起こされたオウギハクジラ（SNH09006）

オウギハクジラは北海道日本海沿岸でも頻繁に漂着がある．記録されている21件・21個体中，1件のみ太平洋（二海郡八雲町浜松）に漂着した．2009年5月に生存漂着したこの個体（SNH09006）は，4m58cmのメスであった．漂着直後に埋却された個体を国立科学博物館とSNHが掘り起こし（図3.18），調査と標本採取を行い，オウギハクジラに間違いないことを確認した．

ハッブスオウギハクジラ──希少種の標本から多くの研究が

オウギハクジラと極めて似ている鯨種に，ハッブスオウギハクジラがある．頭部の形状や体型がやや異なるが，腐敗するなどして状態が悪いと，区別がなかなかつかない．DNAで種判別して初めてこの種だと判明することもある．体長は5.3m．これまでに全国で21件の漂着例が報告されている．漂着場所は静岡県から北海道の太平洋沿岸である．

とくに，2015年4月に襟裳岬の近く様似郡様似町で漂着したハッブスオウギハクジラ（SNH15011，図3.21）は，漂着時は生存していたとのことで，希少種の貴重な学術標本が得られ，多くの研究に活用された．

解剖中に，地元のアイヌ協会の方たちがお参りに来てくださり，この鯨にお祈りを捧げてくれた．この地方では，鯨は神格化されているとのこと．鯨が打ち上がることは縁起の良いことだそうである．「神様をこんなにバラバラにして」と怒られるのではないかと思ったが，アイヌの人たちは昔，お祈りしたあ

分類：ハクジラ亜目 アカボウクジラ科 オウギハクジラ属
学名：*Mesoplodon carlhubbsi*　英名：Hubbs' Beaked Whale
SNHストランディング報告件数：第11位　5件・5頭（2007〜2016年）

図3.19　ハッブスオウギハクジラ

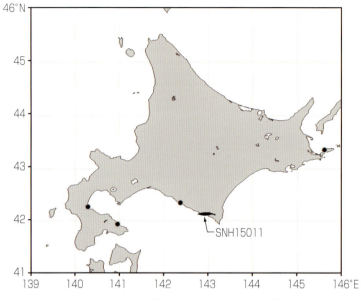

図 3.20 ハッブスオウギハクジラのストランディング発生場所

図 3.21 SNH15011（提供：様似町）

◆ 第 3 章 ◆ 北海道にストランディングする鯨類たち　51

図 3.22　アイヌ式のお祈りをする筆者

とで，解体して肉を食用に分け合ったとのこと（もちろん，現代社会では，どんな病気で死んだのかわからない鯨の肉を食べてはいけない）。往年を想像しながら，我々の解剖作業を見守ってくださった。私もアイヌ式のお祈りのしかたを教わり，お祈りをさせていただいた（図 3.22）。漂着した鯨から，最大限の情報を引き出してあげるのが，鯨類研究者としてのせめてもの供養だ。アイヌの方たちのお祈りに加えて，標本から学術論文が 3 本も執筆されたので，この鯨には良い供養をさせていただけたのではないかと思っている。

マッコウクジラ──世界最大のハクジラ

　ハクジラのなかで最も大きなクジラである。オスは最大 18 m にもなる。下顎には左右それぞれ 18〜25 本の歯が生えており，深海まで潜り，大型のイカ類をくわえて捕食する。その際，逃げようとするイカにひっかかれて口のまわりに傷が付いている。
　腸内の結石は龍涎香（りゅうぜんこう）と呼ばれる天然の香料で，これが抹香というお香の匂

いに似ていることから，マッコウクジラという名前になったらしい。北半球，南半球を問わず極域から赤道まで広く分布しており，練習船おしょろ丸による道南から道東の実習航海でもしばしば発見される。噴気を左45度に吹き出すため，遠くからでもマッコウクジラとわかる。寝ているのか，船で近づいても浮上したまま動かないこともあるが，いったん潜水すると20分以上浮上してこないこともある。

分類：ハクジラ亜目 マッコウクジラ科
学名：*Physeter macrocephalus*　英名：Sperm whale
SNHストランディング報告件数：第6位　17件・17頭（2007～2016年）

図3.23　マッコウクジラ

図3.24　龍涎香
（撮影：上田大次郎，サンプル：国立科学博物館）

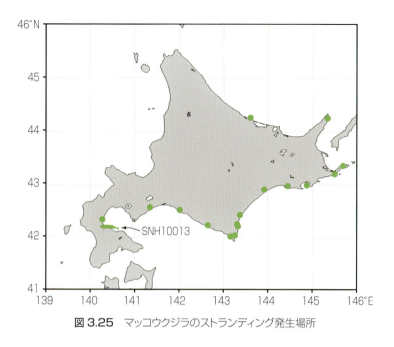

図 3.25 マッコウクジラのストランディング発生場所

　マッコウクジラの漂着調査では，一度失敗をしたことがある．2010 年 4 月に八雲でマッコウクジラ（SNH10013）が打ち上がった．沖合で浅瀬に引っかかっていて，目測でしか体長が推定できない．その直前に 10 m のザトウクジラの対処をしており，見る角度が悪かったのか，それよりも小さいだろうと 8 m と推定してしまったのである．

　町役場は 8 m ということを前提にクレーンやトレーラーを用意したのだが，岸まで曳航してみたら，実際の体長は約 12 m あった．8 m と 12 m では大違いである．長さで 1.5 倍違うということは，重さは体積に比例し，体積は長さの 3 乗に比例するので，$1.5 \times 1.5 \times 1.5 = 3.375$ 倍違うということになる．トレーラーのタイヤはパンクするし，クレーンはひっくり返りそうになるし，現場の方たちに相当迷惑を掛けてしまった．

　同じようなことは，実は何度も経験している．概ね 2 m 以下の個体は，3 人ぐらいいれば人力で車に積めるので，研究室に持って帰って解剖することが多い．全身を持ち帰れば，我々としては空調のある解剖室で正確に観察し，落ち

図 3.26 マッコウクジラ（SNH10013）と格闘中のクレーン

着いて解剖できるので，標本も間違いなく収集できる。漂着した海岸線を管理している市町村の方にとっては，処分の手配をする必要がなくなるので，手間も費用も省くことができる。そのためなのか，漂着した現場からの通報は，実際の体長よりも小さく言われることが多い。イシイルカ 1.8 m との通報を受けて，体重 100 kg 以下と想定し，軽装の女性調査員 3 人が何時間も掛けて現場に出向いたら，2.2 m の大きなイシイルカで，体重は 150 kg を超える。持って帰るつもりでいたから，現場で解剖する道具も持っておらず，困り果てた。結局，現場近くの方が見かねてフォークリフトで車に乗せてくださり，なんとか持ち帰った。それ以降，漂着したイルカやクジラの通報については，なるべく正確に体長を目測していただくようにお願いすると共に，可能ならば海岸線に打ち上がっているペットボトルなど，大きさがわかるものといっしょに写真を

撮って送ってもらうようにしている。そうすれば，写真から体長を割り出して，適切な準備をすることができる。

ツチクジラ——イルカみたいな顔をしたクジラ

　体長は成体で 10～13 m，ハクジラのなかではマッコウクジラに次いで体が大きい。

　ツチクジラは北太平洋のみに棲息し，捕獲された個体の最高年齢はオス 84 歳，メス 54 歳と長寿命である。国際捕鯨条約で管理されていない鯨類であり，日本沿岸では農林水産省の管理のもと，年間 73 頭（2016 年）の捕獲枠のなかで小型捕鯨業者が捕獲している。

　全国で 4 か所の水揚地が指定されており，函館もその一つである。5 月下旬から 6 月にかけて，松前沖の日本海を漁場として，10 頭の捕獲枠で捕鯨が行われている。この時期，日本海を北上するツチクジラの群れがあり，それを捕獲対象としている。

　水産庁の推定では，日本海に棲息するツチクジラは 1500 頭あまりであり，年間 10 頭という漁獲枠は増殖率などを計算の上，十分な余裕を見て定められている。

　函館は漁場から遠いため，捕獲された鯨は原則として漁場に近い港でトレーラーに陸揚げされ，函館へ陸送される。函館の食品加工場構内の解体場で解体され，一部は函館で消費されるが，多くは本州の食品加工場へ運ばれていく。

分類：ハクジラ亜目 アカボウクジラ科 ツチクジラ属
学名：*Berardius bairdii*　英名：Baird's beaked whale
SNH ストランディング報告件数：第 7 位　16 件・16 頭（2007～2016 年）

図 3.27　ツチクジラ

ツチクジラは美味しい

　ツチクジラは1700mもの深海まで潜って捕食する。主な餌は深海性のソコダラ類，チゴダラ類，イカ類である。美味しい餌を食べているためか，肉には適度な脂分もあり，新鮮なツチクジラはたいへん美味しい。ただ，血液分が多いのか，空気にさらしておくと，すぐに色が黒くなり，独特な匂いも出て不味くなる。函館で新鮮なうちにいただくのが一番である。

　捕鯨の時期になると，函館のスーパーにはツチクジラの肉が並び，またツチクジラの竜田揚げ定食などを出す食堂もあり，毎年，この時期を楽しみにしている函館市民も多い。しかし，捕鯨船のやりくりの関係で，あいにく2017年，2018年は，函館での捕鯨は中止となった。函館の風物詩にもなっているので，ぜひ復活してもらいたいと思っている。

ツチクジラ竜田揚げ定食

◆ 第 3 章 ◆ 北海道にストランディングする鯨類たち　　57

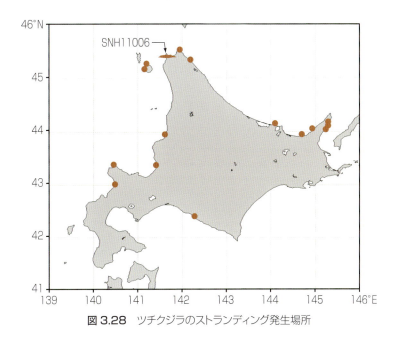

図 3.28　ツチクジラのストランディング発生場所

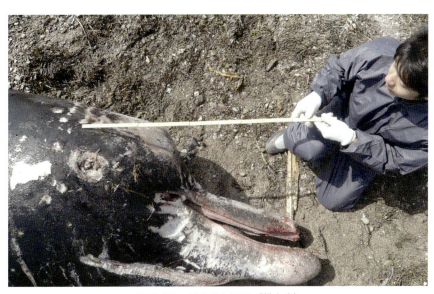

図 3.29　SNH11006（稚内市）

図 3.30 着岸したツチクジラ捕鯨船（函館港）

　漁の時期になると，捕鯨船の乗組員のほかに，解体部隊が函館にやってくる。和歌山県太地町，宮城県鮎川町といった，長年捕鯨が行われている町の出身の解体師たちである。大包丁や小包丁，ウインチを駆使して，10 t もあるツチクジラを 2〜3 時間のうちに解体していく。北大鯨類研究会の学生がアルバイトで参加することもある。我々も寄鯨で鯨の解体をするが，プロの解体師の手際の良さには，いつも驚かされるばかりである。

ザトウクジラ──ホエールウォッチングの人気者

　ハワイのマウイ島や小笠原，沖縄でのホエールウォッチングで有名なクジラである。体長は成体で 13〜15 m，体重 40 t にもなる。頭部や口のまわりにこぶ状の突起があり，フジツボが付いていることもある。大きな胸びれと尾びれを持つ。下顎から腹部にかけてあるヒダ（うね）は幅が広く，ヘソにまで達する（図 3.32）。

　極域から熱帯域まで広く分布しており，南北数千キロの季節移動をする。数

頭で魚の群を追い込んで捕食したり，頻繁にブリーチング（体全体を見せるジャンプ）をしたり，また水中ではソングと呼ばれる鳴音を発するなど，話題が多い鯨種である。

分類：ヒゲクジラ亜目 ナガスクジラ科
学名：*Megaptera novaeangliae* 英名：Humpback whale
SNHストランディング報告件数：第8位 13件・13頭（2007〜2016年）

図3.31 ザトウクジラ

図3.32 ザトウクジラのヒダ（SNH12047）

鯨類の鳴音

　クジラやイルカの鳴き声は多様であるが，大きく3つに大別される。
　音がいちばん高いのがクリックスである。1発が約1万分の1秒，80〜150kHzほどの高周波の音が，1秒間に数十〜数百連なった音である。出した音の反響でまわりの様子を知ったり餌を探すエコーロケーションに主に使用されるものであり，多くのハクジラが発する。1秒間に100個というと，♩=94で256分音符（旗5つ）。100kHzはグランドピアノの最高音より6オクターブ（白鍵50個，鍵盤の幅にして80cm）ほど上の音である（譜例1）。この音一つだけが発せられても人間には高すぎて聞くことができない超音波である。しかし，1秒間に100回という速さで連続して出すと，100Hzの音（ヘ音記号いちばん下のラ）のように聞こえる。
　次に高いのがホイッスル。4〜20kHz，ピアノの最高音から2オクターブ上ぐらいの音で，笛のように数秒にわたって連続し，自在に音程を上下させるのが特徴である（譜例2）。イルカ同士の個体識別などのコミュニケーションのために使われていると言われている。
　ザトウクジラがよく発するのはソングと呼ばれる低い音である。100〜400Hzぐらいの約2オクターブを使う（譜例3）。これもクジラ同士のコミュニケーションのために用いられていると言われている。とくに繁殖行動に関係するらしい。

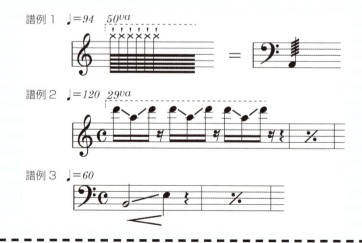

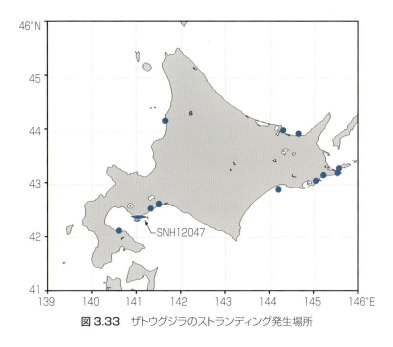

図 3.33　ザトウクジラのストランディング発生場所

　北海道では 9〜10 月に太平洋岸に打ち上がることが多いが，3 月に日本海沿岸の留萌郡小平町,あるいは 10 月にオホーツク海沿岸の網走市や斜里郡斜里町に漂着したこともある。北海道に漂着するのは 6〜9 m の小さい個体が多い。漂着時にはいずれも腐敗しており，沖合で死亡した個体が漂流して漂着したのだろう。

　この鯨種の処理でも苦い経験がある。9 m のザトウクジラが太平洋岸に上がり，海岸管理者が処分方法を検討した結果，病死した牛の処分場が引き受けることになった。我々は，調査をさせてもらう条件として，大型牛が入るくらいの大きさのコンテナに，解体した鯨を詰め込むように依頼された。

　処分場は人里離れており，また照明施設もないために，日没の午後 7 時までに解剖を終わらせなければならない。朝から移送し，昼前には処分場に搬入されるということで，鯨類研究会の学生たちとともに処分場で解剖の準備をして待っていた。ところが，現場からの搬出に時間が掛かってしまい，ダンプカーが処分場に到着したのは午後 2 時すぎ。しかも，荷台を傾けて地面に下ろした

図 3.34 着地に失敗したザトウクジラ（SNH12047）

ときに，運悪く，下顎が地面に引っかかってしまい，大きな口を開けて地面をくわえているような体勢で着地してしまった（図 3.34）。現地には牛を運搬するためのフォークリフトしかなく，その体勢を変えることはできない。体長などを測定するにも，解剖するにも，たいへん手間の掛かることになってしまった。

我々のほかには，処分場管理者の方が1人いるだけ。すべての解剖，解体を自力で終わらせ，コンテナに詰め込まないといけない。もちろん，ナギナタのような形をした大型鯨解剖用の大包丁や，蕎麦切り包丁を大きくしたような小包丁といった道具も用意しているが（図 3.35），基本的にすべての作業は人力だし，学生のなかにはストランディング調査経験の浅い人もいた。途方もない作業を必死で行っていたところ，見かねた管理者の方が，フォークリフトと牛刀1本で手伝ってくれた。

彼は，クジラの解体は初めてだそうだが，牛の解体は経験が豊富である。使っている牛刀の刃渡りは普通の台所包丁よりも長いし，もちろん切れ味も良いのだろうけれども，鯨解体用の特別な道具に比べると小さいし，心許ない。ところが，フォークリフトを駆使して，切り口が引っ張られるように持ち上げ

図 3.35　大包丁・小包丁

てから，牛刀をスーッと動かすと，ものの見事に切れていくのである．彼 1 人で私たち 5 人分ぐらいの仕事をしてくれたように思う．

　結局，日没ギリギリまでかかったが，標本も採集でき，また処分用コンテナにすべてが収まって，調査を終了することができた．ご迷惑をかけ，お世話になり，なんとも心苦しい限りだった．みなさまの協力のもとに成り立っている調査であることを，毎回痛感するのである．

鯨類の名前よもやま話

　鯨の名前には人名が用いられていることが多い。たとえば，ミンククジラ Minke whale は，毛皮などで知られているミンクとは関係がなく，Meincke というノルウェーの捕鯨手の名前から来ているらしい。ツチクジラ属を表す学名 Berardius は，1846 年にニュージーランドからフランスへ頭骨などの標本を運んだときのフランス海軍軍艦の司令官 Berard にちなむ。また，種名の bairdii，あるいは英名の Baird's beaked whale にでてくる Baird は，アメリカの博物学者 Spencer Fullerton Baird（1823〜1887）の名前にちなんでいる。アカボウクジラ Cuvier's beaked whale の Gerorges Cuvier，タイヘイヨウアカボウモドキ Longman's beaked whale の H. A. Longman，オウギハクジラ Stejneger's beaked whale の Leonhard Hess Stejneger，ハッブスオウギハクジラ Hubb's beaked whale の Carl Leavitt Hubbs は，いずれも命名者である。また，命名者ではないが，オガワコマッコウのオガワは鯨類学者の小川鼎三先生，ツノシマクジラの学名 *Balaenoptera omurai* の omurai は鯨類学者の大村秀雄先生の名前にちなんでいる。

　イルカの名前で話題になるのは，ハンドウイルカ（バンドウイルカ）である。日本哺乳類学会の世界哺乳類標準和名目録でも「ハンドウイルカ（バンドウイルカ）」と，両方が併記されている。主に，研究者はハンドウイルカ，水族館はバンドウイルカと言うことが多い。諸説あるが，もともとゴンドウの半分ぐらいの大きさということでハンドウという名前だったが，ある高名な先生が 1950 年代に哺乳類目録を出版した際にたまたま起こった誤植が見逃されてしまい，それが広がったという。

第4章　寄鯨調査にもとづく研究

　ここでは，寄鯨調査をもとにした最新の研究のトピックスを紹介していきたい。

ハクジラ類は何を食べているか

　ストランディングネットワーク北海道の活動の一環として，さまざまな鯨種について，寄鯨情報を集めるとともに，可能な限りその標本を集めてきた。この標本を研究に用いることによって，さまざまなことがわかってきた。その一つが，鯨類の食性，すなわち何を食べているのかである。

　鯨類は餌を食べることによって，海洋生態系のなかで生存している。また，さまざまな鯨種が棲息するためには，鯨種ごとに餌を食べる場所や餌の種類が重ならないようにして，競争を避けていると考えられる。

　海洋生態系の食物連鎖は何段階もある。海水中の窒素やリンなどの栄養分を吸収する植物プランクトン，それを食べる動物プランクトン，さらに動物プランクトンを食べる小魚，小魚を食べるイカ，タコや魚食性の大きい魚，それを食べるのがハクジラである。したがって，ハクジラは海洋生態系の頂点に位置し，ハクジラが餌を食べることによって，海洋生態系の食物連鎖がバランスを保っている。日本周辺海域には約30種もの小型ハクジラ類が棲息しており，それぞれの種が海洋生態系のなかにおいて重要な地位を占めているはずである。だから，ハクジラ類の食性を調べることは，海洋生態系を理解する上で大切なのである。

　鯨類に関する食性研究は，捕獲調査や商業的捕獲によって得た標本を用いる

ことがほとんどである。しかし，捕獲調査や商業的捕獲の対象種や捕獲場所は限定されている。捕食による生態系への影響や，餌をめぐる種間競争，採餌場所や餌の種類の重複の有無を調べるためには，幅広い種や地域を網羅する必要がある。このような標本を得る手段は寄鯨調査による標本以外にはない。

死亡個体の胃のなかに残っている物を調べることによって，死亡する直前に食べていた餌を特定することができる。脂肪，筋肉，内臓などの軟組織は消化されてなくなってしまうが，イカやタコといった頭足類の顎板（カラストンビ）や，魚類の頭のなかの耳石と呼ばれる固い組織は，消化されずに残りやすい。顎板や耳石は種によって形が異なるので，これらを調べることによって餌の種類を特定する。

ただし，寄鯨調査で得られた標本のうち，とくに漂着した死体から得られた胃内容物は，衰弱している状態での食性である可能性がある。また，混獲死亡した個体の場合は，漁網に入っている魚を捕食している可能性もある。これらは，健常な個体の食性とは違うかもしれない。そのような懸念から，これまで寄鯨調査で得られた標本の胃内容物分析はほとんど行われてこなかった。しかし，安定同位体比分析を同時に行うことで寄鯨個体からでも健常時の食性を推測できるようになる。

生物組織のなかの炭素や窒素には，安定同位体という重さの違う炭素や窒素が一定量含まれている。たとえば，天然に存在する炭素の 99 ％ は原子量 12（^{12}C）であるが，1 ％ ほど原子量 13（^{13}C）のものが含まれる。海域や沿岸か沖合かによって，^{13}C の割合は微妙に変わる。窒素も 99.6 ％ は原子量 14（^{14}N）であるが，0.4 ％ ほど ^{15}N が安定的に存在する。

餌を食べて消化することによって，餌の安定同位体が一定の割合で捕食者に取り込まれる。たとえば窒素は，^{15}N のほうが ^{14}N よりも捕食者の組織内に残りやすい。このような性質を利用して，生物組織内の炭素や窒素の安定同位体比を測ることによって，採餌していた海域，ある程度の餌生物の種類，魚食かプランクトン食か，といった栄養段階を推定することができる。安定同位体比は打ち上がる直前ではなく，少し前の餌を反映するので，寄鯨から得られた標本でも健常な状態での食性を反映すると考えられる。

現在，松石研究室で研究員をしている松田純佳博士は，日本周辺海域における鯨類の食性を，胃内容物分析と安定同位体比分析から明らかにし，捕食を通じた種間関係を解明することを目的として研究を行っている。そのなかから，ここではとくに北海道周辺海域で多く見られるネズミイルカ，イシイルカ，カマイルカの漂着個体を用いた食性研究について紹介する。

標本は 2005〜2016 年の北海道海域における寄鯨死亡個体標本から，胃内容物分析には 96 個体，安定同位体比分析には 116 個体を使用した（表 4.1）。これらの多くは，自分たちで寄鯨の現場に出向いて集めた標本である。北海道周辺海域における

表 4.1 分析に用いた種名と標本個体数

種名	胃内容物	安定同位体比
ネズミイルカ	32	62
イシイルカ	42	31
カマイルカ	22	23
合計	96	116

食性研究で，これだけの種数，個体数を使った研究は，他に例を見ない。SNHの活動によってはじめて実現した研究である。

ネズミイルカは北海道周辺海域で最も多く漂着する小型ハクジラである。しかし，その生態は未だ多くが謎に包まれている。胃内容物を調べた結果，ネズミイルカは底でじっとしているようなタラなどの魚類から，小型のダンゴイカ科イカ類，イカナゴなど，幅広い餌生物を捕食していることがわかった。

イシイルカはネズミイルカと同じネズミイルカ科の小型ハクジラであるが，ネズミイルカと異なり，中深層性のテカギイカ科イカ類を多く捕食していた。

カマイルカはマイルカ科の小型ハクジラで，大きな群れをつくり，日本の周りを季節回遊している。北海道には春から夏にかけて北上してくる。胃内容物を調べると，マイワシやカタクチイワシ，スルメイカなど，表層性，集群性の餌生物を多く捕食していることがわかった。

以上が胃内容物を調べてわかった，3 種の餌生物である。

また，炭素と窒素の安定同位体比分析から，栄養段階，棲息環境を考察してみると，イシイルカが最も沖合で摂餌しており，カマイルカの栄養段階が最も低かった（図 4.1）。上記のとおり，胃内容物から，イシイルカは沖で深いところのイカを食べており，カマイルカはイワシなどの栄養段階の低い餌生物を食

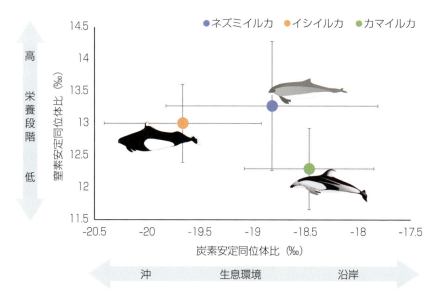

図 4.1 ネズミイルカ，イシイルカ，カマイルカの窒素・炭素安定同位体比分析結果。平均値と標準偏差を示している。

べていること，ネズミイルカは幅広い餌生物を捕食していることがわかっており，安定同位体比分析でも胃内容物分析と同様の結果が示されたことになる。

このように，北海道の周りに棲息するネズミイルカ，イシイルカ，カマイルカの 3 種は，餌や食べる場所を変えることで，うまく共存しているのである。

イルカのクリックス音はパッとチッ

イルカなどのハクジラ類は，餌を探したりまわりの様子を知ったりするために，"クリックス"という音を出している。出した音の反射音を聞いてまわりの様子を知ることをエコーロケーションという。海水中では 10〜20 m しか見通しが利かない。とくに夜間は暗いのでまわりが見えない。そこでクリックスを出すのである。音は水中を 1 秒間に 1500 m くらいの速さで伝わる。0.1 秒で 150 m である。もしも自分が出した音の反射音が 0.1 秒で返ってきたら，約 75 m 先に音を反射する物があることがわかる。このような方法で周囲の状況

を把握するのである。

クリックスは，短い音がいくつも連なったものである。一つ一つの音の周波数は 30 kHz 以上と，グランドピアノのいちばん高い音より 3 オクターブ以上高く，人間の耳には聞こえない超音波だ。クリックスの音はイルカの種類によって異なり，30 kHz〜100 kHz の範囲に緩やかなピークを持つ広帯域音と，130 kHz 周辺のみに鋭いピークがある高周波狭帯域音に大別される。人間の耳には聞こえないので，正確ではないが，前者は「パッ」という感じの手を叩いたときのような音，後者は「チッ」といった感じで，マウスのクリック音に似た音だと思えばよい。

「チッ」という音を出すイルカの種数は，ハクジラ類全体の 2 割程度で，体サイズが小型で，単独または少数の群れで行動するという共通点を持つ。こういうイルカたちはシャチに狙われることが多く，クリックスを出していると，シャチがそれを聞きつけて，見つかってしまうリスクがある。しかし，シャチは 100 kHz 以上の高い音は聞こえないことがわかっている。だから，100 kHzより高い音しか含まれない「チッ」というクリックス音であれば，シャチに見つかりにくい。一方，「パッ」という音のほうが水のなかを遠くまで届くので，「チッ」という音にすると餌を見つけにくくなる可能性がある。これまで，いったいイルカはどうやってクリックスをつくっているのか，「パッ」と「チッ」の違いはどうしてできるのか，わかっていなかった。

松石研究室の研究員である黒田実加博士は，ストランディングによって得られたハクジラ類の頭部の解剖と物性測定から，クリックスが頭の近くにある音源から海中へ出ていくまでの経路を明らかにし，その経路にある器官の構造の違いから，「パッ」と「チッ」の違いを生むメカニズムに新たな仮説を立てて検証した。

クリックスの音源は，噴気孔の近くにあるフォニック・リップスという唇のような形をした器官だということがわかっている。肺からの呼気の空気圧を利用して，フォニック・リップスをぶつけて音をつくっている。ここから，頭部にある脂肪の多い軟組織である「メロン」と呼ばれるところを通って音が水中に出ていくと，解剖学的には考えられていた。しかし，たとえ器官どうしが接

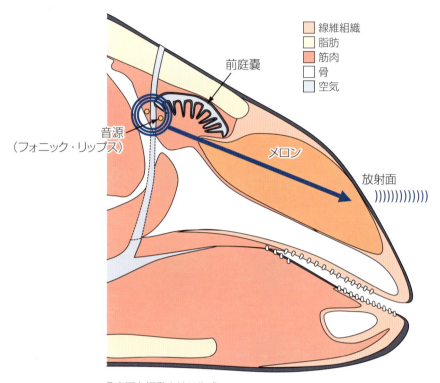

①音源を振動させて生成
②頭骨や気嚢（前庭嚢）に反射され，メロンでビーム状に集約
③放射面から海中に放射

図 4.2 イルカ頭部の音伝搬経路

していても，その間を音が伝わっているかどうかはわからない。たとえば，水に潜ると，水と接している空気中の音は聞こえない。これは水中と空気中の音速が違いすぎて，音が水面で反射してしまうからである。そこで，フォニック・リップスからメロンを経て海水に出るまで，音速が連続的に変化しているのかを調べることで，頭のなかを音が伝わる経路を明らかにしようとしたのである。

　音速は，媒体の密度とヤング率（硬さの指標）から計算できる。密度は，レントゲン画像を 3D で見ることができる CT スキャンという機械で調べること

ができる。ところが，軟組織のヤング率を調べる方法がわからない。普通，ヤング率を測定する機械は，木や鉄のような固いものを調べるためにできていて，柔らかいもののヤング率を測定する機械がなかなか見つからなかったのである。

北大水産学部にはさまざまな研究室がある。生物の研究だけではなく，すり身や蒲鉾の研究をしているところもある。いろいろ調べるうちに，ある研究室が持っている，蒲鉾の硬さを測るクリープメータという機械でヤング率が測れることがわかった。そこで，冷凍されたイルカの頭部を1センチ幅に電気ノコギリで輪切りにして，いろいろな部分のヤング率を測り，CTスキャンで調べた密度と合わせて，頭のなかでのクリックスの音速を計算することができた。知る限り，鯨類の研究にクリープメータを使ったのは，私たちが初めてである。

図4.3 クリープメータによるヤング率の測定

「チッ」という音を出すネズミイルカ，イシイルカ，コマッコウと，「パッ」という音を出すスジイルカ，カズハゴンドウを調べたところ，どの種もフォニック・リップス近くでは音速が遅いが，メロンに入ってから音速が徐々に上がって，前頭部の放射面で海水中の音速とほぼ等しくなり，海水中へ効率的にクリックス音が伝わっていくことがわかった。また，放射面の大きさが種によって異なり，「チッ」という音を出す種は広く，「パッ」という音を出す種は狭いことがわかった。放射面が広いほうが，音は広がらずに進み，狭いと広がりやすいと考えられる（図4.4）。ここにも，シャチに見つかりにくくしている工夫があるのかもしれない。

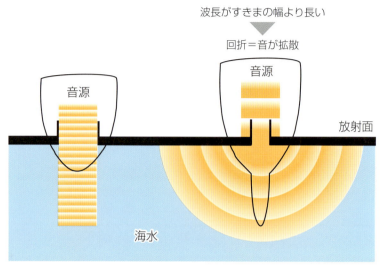

図 4.4 放射面の大きさによる音の回折の違い

　フォニック・リップスの構造から，ここで出ている音は「パッ」という音だろうと考えられるが，生きているイルカの頭のなかにマイクを仕掛けることはできないので，本当に「パッ」という音が出ているかどうかはわからない。もし，「チッ」という音を出す種の死んだイルカのフォニック・リップスの近くにスピーカーを付けて，「パッ」という音を出したときに，放射面から出てくる音が「チッ」という音になっていれば，フォニック・リップスから放射面までの間に，「パッ」を「チッ」に変える構造があることの証明になる。

　そこで，フォニック・リップス付近に小さいスピーカーを，放射面近くに小さいマイクを取り付けて，いろいろな周波数の音をスピーカーから出したときに，どの周波数の音が通りやすいのかを調べてみた。「チッ」という音を出すネズミイルカで測定したところ，100 kHz 以下の音が通りにくいことがわかった。一方，「パッ」という音を出すカズハゴンドウの頭部は，100 kHz 以下の音も通りやすいことがわかった。このことから，予測どおり，「チッ」という音を出す種については，フォニック・リップスから放射面までの間に，「パッ」を「チッ」に変える構造があることがわかった。

◆ 第 4 章 ◆ 寄鯨調査にもとづく研究　73

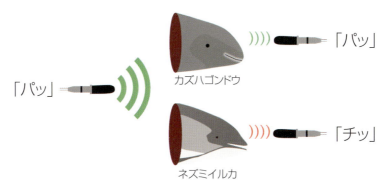

図 4.5　チッという音を出す種の頭部には，パッをチッに変える構造がある

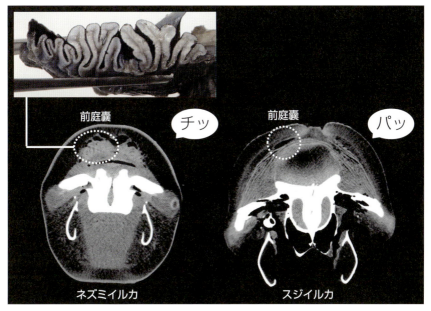

図 4.6　ネズミイルカとスジイルカの頭部 CT スキャン

　フォニック・リップスで音が出てメロンに入るまでの間，軟組織のなかを通過するが，そのすぐ上に前庭嚢という器官がある。なかに空気が入っている袋で，種によってはヒダがたくさん付いている。調べてみると，「チッ」という音を出す種の多くは前庭嚢にヒダがたくさんあり，「パッ」という音を出す種

にはヒダがない（図 4.6）。

　実は，音の通り道に枝分かれがあると，特定の周波数の音が消える。このような構造を，サイドブランチ型消音器という。たとえば，車のマフラーや金管楽器のミュートも同じ原理である。ネズミイルカの前庭嚢にはいろいろな深さのヒダがある。その深さを調べてみると，ちょうど 100 kHz ぐらいまでの音を消すのに適した深さになっていることがわかった。これまでに論文や CT スキャンのデータとして前庭嚢の形が報告されているハクジラ類 21 種について調べたところ，前庭嚢にヒダがある 4 種はすべて，「チッ」という音を出すことがわかった。

　また，前庭嚢がないのに「チッ」の音を出すコマッコウ，オガワコマッコウは，フォニック・リップスを取り囲むクッションという組織が網状になっていて，これが消音器になっている可能性が高い。

　一方，ヒダのない，つるんとした前庭嚢を持つのに「チッ」という音を出す種も知る限り 2 種いる。これらについては，どういうメカニズムで「チッ」という音をつくっているのか，まだ謎である。

　この研究は，医療器具である CT スキャン，食品科学の研究に使われるクリープメータ，水中超音波マイクとスピーカーといった最先端の機械を使うとともに，メスを使って細かく解剖する一方で，ヤング率の測定のためには冷凍されたイルカの頭を電気ノコギリで輪切りにするといった大胆な手法も使った。北大水産学部では，さまざまな分野の専門家にアイデアをもらえるから，このように解剖学と音響学を駆使したユニークな研究を通じて，イルカのエコーロケーションの秘密に迫ることができるのである。

網に入ったネズミイルカの脱出

　ネズミイルカの混獲を減らすにはどうしたらよいだろうか。どうして入るのか，なぜ逃げないのか，どうしたら入らないようになるのか，逃げられるようになるのかを研究すれば，解決策が見えそうである。その一環として，松石研究室では大謀網（大型定置網）近傍でのネズミイルカの行動を観察し，ネズミ

イルカが大謀網から脱出できるのかどうかを調べた。

　ネズミイルカは定期的に浮上して呼吸するので，条件が良ければ船の上から観察することができる。しかし，他のイルカに比べて静かに泳ぎ，見つけにくい。ちょっとでも波が立つと，もう目視で観察することは困難である。また，夜間も出入りしていると考えられるが，夜間の観察は不可能である。そこで着目したのは，ネズミイルカが出すクリックス音である。ネズミイルカは周囲の状況を知るために，頻繁にクリックス音を出している。この音を録音すれば，いつネズミイルカが出現しているのかを知ることができる。

　我々が使っている機材は A-Tag というイルカの行動観察専用に開発された機材である。長さ 65 cm ぐらいの細長い板に，電池とメモリーが入った防水耐圧容器が付いている。板の両端にはマイクが付いていて，2 つのマイクへ音が到達する時間差から，イルカがいる方向がわかるようになっている（図4.7）。函館市臼尻町で大謀網を操業している漁業者の協力により，この装置を 2013〜2015 年に，運動場入口と，落とし網入口に取り付けた。大謀網の最初の入口を入るとまず「運動場」と呼ばれる場所に入る。そのなかを魚が網沿いに泳いでいくと，しだいに奥へと導かれ，最終的には，「落とし網」と呼ばれるいちばん奥の部分に魚がたまる。漁船は毎朝，落とし網の網をたぐり寄せて魚を集めて漁獲する。

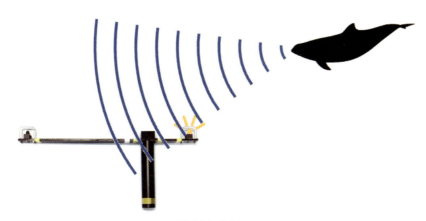

図 4.7　A-Tag

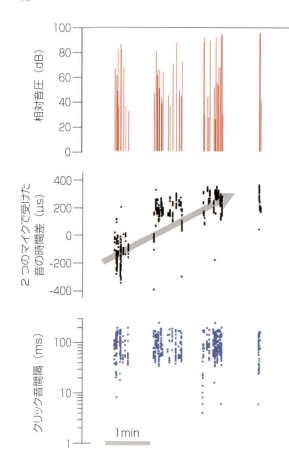

図 4.8
ネズミイルカが大謀網に侵入したときの観測記録例。
相対音圧とクリック音間隔から，この音がエンジン音などの騒音ではないことがわかる。2 つのマイクで受けた音の時間差から，ネズミイルカが網の内側に向けて移動していることがわかる。

　松石研究室で修士号の学位を取った東坂博樹の解析によると，運動場入口を合計 40 日間，A-Tag で観察したところ，そのうちの 18 日間（45％），ネズミイルカが入ったことを確認した。さらに，落とし網入口を合計 28 日間観察したところ，そのうちの 10 日間（36％），落とし網に入ったことを確認した。いずれも昼夜を問わず出現しており，とくに操業が始まる前の 4 時台に落とし網に出現している回数が多い。

　しかし，落とし網入口を観察した合計 28 日間で，実際に落とし網の魚を取り上げたときにネズミイルカが入っていたことは 1 回（4％）だけであり，残りの 9 日間は，操業までにネズミイルカは落とし網から脱出していたのであ

る。混獲した個体は1個体だけであったが，その個体は前日夜から長い間滞在していており，操業時に落とし網から待避しなかった。落とし網のなかの魚に執着していたのかもしれない。

いずれにしても，ネズミイルカは大謀網を自由自在に出入りしていることがわかった。決して，誤って大謀網に入ってしまって，出口がわからず出るに出られなくなっているわけではないらしい。混獲を防止するためには，落とし網までネズミイルカが入り込めなくなるようにするか，操業前にネズミイルカを追い出す仕組みをつくればよさそうだ。

ネズミイルカはメスのほうが大きい

動物の体の大きさはいろいろである。もちろん種によっても違うし，年齢によっても，性別によっても違う。人種のように，長いあいだ違う場所に住んでいると，同じ種のなかでも成長やいろいろな特徴が違ってくることもある。

体の大きさを調べることは生物学的に重要である。魚の場合は，体が小さいと，遊泳能力も弱く，捕食者に襲われて食べられる可能性が高くなる。成熟したメスはなるべく多くの卵をつくって産もうとするが，卵の数はそのときの体重に比例するので，魚は成熟までの間になるべく大きくなるように急激に成長する。一度成熟すると，寿命になるまで毎年産卵するので，成熟後も成長を続ける。

一方，鯨類の成長は魚類とは異なる。鯨類は哺乳類なので，成長期に成長したあとは，ほとんど成長しなくなる。種によってオスのほうが大きかったり，メスのほうが大きかったりする。これはメスをめぐる闘争のしかたなどの違いによるとも考えられるが，よくわかっていないことも多い。

成長は年齢と体長の関係である。体長は測ればわかるが，魚類や鯨類を含む野生生物の成長を調べるときに問題になるのは，年齢である。生年月日が戸籍に記録されているわけではないし，聞いても答えてくれない。

そこで，年齢査定という作業を行うことになる。イルカやマッコウクジラなどのハクジラ類の場合は，歯の断面に年輪が見られ，これを用いて年齢を査定

する。ハクジラの歯は年齢とともに大きくなり，季節によって成長や食べる物が違うので，年輪が残るのである。ヒゲクジラの場合は，耳垢栓によって年齢査定を行う。クジラにも耳があるが，外耳は閉じていて，耳垢が自然と剥がれてなくなることはない。一部のヒゲクジラでは，耳垢が外耳道（耳穴に相当する部分）に順番にたまって蓄積される。これが耳垢栓である。耳垢も餌などによって成分が変動し，とくに南北に大回遊をするヒゲクジラでは，1年間で環境の非常に違う場所を行き来するので，明確な年輪が形成される。

　北海道でいちばん多くストランディングし，混獲でも問題になっているネズミイルカについて，ヨーロッパや北アメリカでは，年齢と体長の関係や成熟年齢がわかっている。しかし，日本近海のネズミイルカについては，ほとんどわかっていない。そこで，松石研究室の松井菜月は，修士研究で，ストランディングネットワーク北海道で集めた標本を元に，日本近海のネズミイルカの成長を調べた。

　まず，各標本から歯を採取し，ほとんど透明になるまで砥石で研磨する。非常に微妙な作業なので，1本ずつ手作業で研磨していく。薄くなると指に貼り付けて砥石の上で慎重に研磨することになる。この作業をしているうちに指紋がなくなってしまうという。

図4.9　ネズミイルカの歯の断面

図4.10　染色した歯

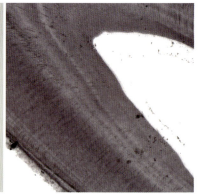

図4.11　歯の検鏡

研磨した歯を，年輪が明瞭に見えるように，脱灰，染色といった処理を施し，顕微鏡で年輪を読む。読み間違えないように，間をあけて3回読んで，一致していることを確認する。

　年齢を調べることができた個体は56個体。このうち，大半が未成熟であろうと考えられる4歳以下の個体が46個体，5歳以上の個体は10個体だった。また，生まれて間もない個体は北海道周辺ではほとんどストランディングしていない。オス37個体に対してメスは19個体であった。雄雌の個体数差は，偶然オスのほうが多くなったというには大きすぎる違いである。

　ヨーロッパの出産海域の近くでは，多くの出産直後の個体のストランディングが報告されていることから，どうも日本近海では出産をしていないのではないかと推察される。また，成熟個体のストランディングが少ないのも，特徴的である。日本近海に回遊する個体，あるいはそのなかでもとくに混獲される個体は，未成熟のオス個体が多いのかもしれない。

　北海道のネズミイルカと世界のさまざまな海域のネズミイルカの体長を比べたのが図4.12である。いずれの海域でもメスのほうが大きいことがわかる。多くの哺乳類，また近縁種であるスナメリやイシイルカは，オスのほうが大きくなる。ネズミイルカの生活史や繁殖には，何かメスが大きいほうが有利な理由があるのだろうか。

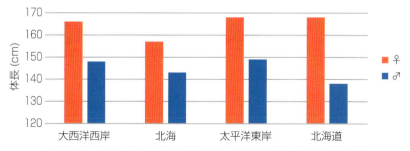

図4.12　ネズミイルカの体長（8歳）（北海道以外の体長は文献値）

ネズミイルカが通り抜けられる幅

　一般に，イルカは狭いところ，浅いところが嫌いである。たとえばハンドウイルカのショーを行っているある水族館では，待機するプールからショーをするプールへ移動するために，幅2m，深さ1.5mほどの水路をハンドウイルカが通り抜ける必要がある。ところが，水族館に来て間もないイルカは，この狭い通路がたいへん苦手で通ることができない。トレーナーが，時間を掛けてトレーニングして，やっと自由に出入りができるようになる。

　海にいる天然のイルカは，壁というものを見たことがないし，狭い場所を通る必要もない。だから，自然と狭いところを避けるのではないだろうか。もし，そうならば，魚は十分入るけれどもイルカが嫌がるぐらいの幅の格子状のものを漁具に付ければ，イルカの混獲を防げるかもしれない。

　認知心理学の分野では，通過可能幅と身体の幅との比を π という記号で表現する。π といっても円周率のことではない。π 数は，知覚によって認知する環境と行為者との関係を表す指標であり，これがどのような知覚や条件によって変化するのかを研究するパッサビリティー研究が，さまざまな観点から行われている。認知心理学を専門とする公立はこだて未来大学の伊藤精英教授の指導のもと，おたる水族館の職員や卒論生といっしょに，ネズミイルカのパッサビリティーを調べた。

　実験は16日間行い，そのうち11日間は水槽に慣れさせる期間，残り5日間が実験期間である。被検体は2002年4月に函館市臼尻町の大謀網で混獲され，おたる水族館で飼われていたネズミイルカの雄「リュウヤ」（体長147cm）である。約6m×4m，水深1.5mの水槽にゲートを設置し，水槽を2つの部分に分けた（図4.13）。ゲートは最大180cmまで開くことができ，実験をしないときは，つねに最大に開放した。

　水槽の両端に給餌台A，Bがあり，飼育員2人が1日4回，両方の給餌台から餌を与えた。リュウヤが給餌台Aで餌を食べたら，次は給餌台Bから餌を与えるというように，交互に餌を与えることを繰り返した。

◆ 第 4 章 ◆ 寄鯨調査にもとづく研究　　81

図 4.13　水槽に設置されたゲート

　本実験では，片方の給餌台で餌を食べている間に，ゲートの幅を 30, 35, 40, 45, 50 cm のいずれかにランダムに設定し，反対側の給餌台で提示されている餌へ 1 分以内に到達できるかを調べた。

　その結果，実験全体を通して，50 % の確率で通過できたゲートの幅は 38 cm となった（図 4.14）。また，実験の 5 日間のあいだに，通過できる幅が狭くなっていく傾向が観察された。リュウヤの体の最も幅が広いところは尾鰭で，33 cm であった。これより π 数は 1.25 となった。

　陸上動物の π 数は 1.1〜1.3 のものが多く，ネズミイルカも同様の数字を示した。イルカの π 数を調べた研究は，我々の研究以外に見当たらないが，経験上，水族館で飼育されるイルカの π 数は，おそらく 2 を超えるはずであり，当初はそのような結果を期待していたが，思いのほか狭い場所を通ることができることがわかった。

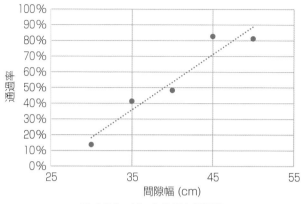

図 4.14 　ゲートの幅と通過率

　考えてみれば，ネズミイルカは沿岸域に生息しているので，たとえばコンブの森のなかを泳いだり岩礁地帯のすぐ近くまで寄ることもあるのかもしれない。他のイルカに比べると，泳ぎは遅いが，自由に曲がったり止まったりすることができるので，狭い場所でも自由自在に泳げるのかもしれない。

　大謀網にはマグロやサメもやってきて漁獲される。ネズミイルカの混獲を防止するために 30 cm 間隔で格子を付けたら，マグロやサメまで入らなくなってしまう。格子でネズミイルカの混獲を防止するのは難しいということがわかった。実験はうまくいったが，目論見は外れてしまったのであった。

第5章　北海道大学鯨類研究会
——学生たちの挑戦

鯨に魅せられた学生たち

　1999年9月，筆者は鯨類目視実習を担当するために，北海道大学練習船お
しょろ丸で釧路沖まで航海していた。当時，乗組員だった士官Yは以前，鯨類
調査船に勤務していたこともあり鯨類に詳しい。そのYから，鯨類の研究を
する学生団体の顧問になってほしいとの相談を受けた。曰く，鯨類をはじめ海
や船に広く興味があり，父親が捕鯨船に乗っていたという木和田広司君（後に
日本鯨類研究所に勤務），どうしても南氷洋で捕鯨の研究がしたいという女子
学生Oほか何名か，熱烈に鯨に魅せられた学生たちが学生団体を立ち上げた
いと言っているとのこと。Yは，副顧問として全面的に支えるけれども，陸上
にいないことも多いので，私に顧問になってほしいという。

　下船後，学生たちに話を聞いたところ，例会で鯨類の生態に関する教科書を
輪読して勉強するとともに，学園祭である「北水祭」で研究成果の展示や鯨料
理の提供などをやっていきたいと，活動計画も具体的である。

　それでは，ということで，1999年10月に木和田君が初代代表となり，研究
会を設立した。名称は「北海道大学鯨類研究会」，略称は北大鯨研である。い
ずれ，札幌キャンパスにも鯨類研究会ができることを想定し，函館を本拠とし
た北海道大学全学的な研究会になることを夢見て，あえて「北海道大学」を付
けた。

　当時は，筆者の研究室を含め，北大水産学部で継続的に鯨類の研究をしてい
る研究室はなかったが，卒業研究で鯨類を対象にしたいという学生は非常に多
かった。発足後，学生に入会勧誘をしたところ，年度末までに会員は29名，

発足後半年の 2000 年度からは北水の公認学生団体に。翌年には文化系学生団体のなかで最大の団体にまでなった。

発足メンバーの立ちあげ活動はめざましく，報道機関のほか，関連しそうな研究機関，官公庁などに，幅広く挨拶状を送った。それにより，新聞各社とNHK が取り上げ，地元の函館新聞では 1 面トップに記事が掲載された。また，当時はまだ珍しかったホームページも立ちあげ，情報発信を行った。

北大鯨研発足の連絡がきっかけで，2002 年に道南で寄鯨があったときには，国立科学博物館から突然連絡が来て，北大鯨研のメンバーとともに，寄鯨調査に参加させてもらった。そのときに，初めて寄鯨研究の第一人者である山田格先生に会った。解説を聞きながら調査をお手伝いし，片付けが終わった後，山田先生は私に，地方ごとにストランディングネットワークをつくり，寄鯨を使った研究を広げたいという思いを，少ない言葉で，しかし熱く語った。相当の覚悟も必要だ，ということも。そのときは，5 年後に私がストランディングネットワークを立ち上げるとは思ってもいなかった。

北水祭で大行列

北大水産学部では，毎年「北水祭」という学園祭を開催している。学生団体が模擬店を出したり，音楽系団体がライブを開催したり，文化系団体は作品の展示，水産学部ならではのものではミニ水族館もある。ただ，学外のお客様の来場は少なかったようで，以前は閑散としていた。

発足して 1 年目の 2000 年の秋に，北大鯨研は北水祭に参加した。北大鯨研は，団体として捕鯨について賛成・反対の意見を持っているわけではない。ただ，鯨類について広く学ぶ一貫として，鯨の食文化についても勉強しようということになり，冷凍鯨肉，鯨の大和煮の缶詰を販売するとともに，札幌の鯨料理店のご指導のもと，鯨汁をつくることになった。

学生が自主的に鯨肉を販売するという動きに，日本捕鯨協会や函館市内の水産関連団体などが応援してくださり，商品の仕入れも順調であった。室内では，例会などで勉強した成果をポスターなどで披露し，学生らしく装飾した。

◆ 第 5 章 ◆ 北海道大学鯨類研究会―学生たちの挑戦　85

図 5.1　北大鯨研「プチくじら亭」のポスター（北水祭, 2017 年）

図 5.2　北水祭に展示した実物大カマイルカと来場者の列。行列は建物の外まで延びた。

　当日は，開店前から地元のお客様による 100 人以上の長蛇の列ができ，仕入れた商品や料理は飛ぶように売れ，開催期間中，2 日とも午前中に売り切れ店じまいということになった。鯨目当てにご来場くださった地元のお客様は，北

大鯨研以外の展示や模擬店などにも回ってくださり，北水祭が一気に活気づいたのである。

　北水祭での販売は，現在も毎年続いている。近年は，10月の第2日曜日と翌日（体育の日）に開催。展示はさらに充実し，ネズミイルカの寄鯨骨格標本の展示や，実物大のカマイルカの模型，イルカと背比べ，イルカやクジラの塗り絵，クイズなど子供向けのコンテンツも増えた。相変わらずの人気で，鯨肉と缶詰の1人当たり購入個数制限をしても，午前中に売り切れてしまうことが多い。函館の鯨好きにとっては恒例行事となった。

津軽海峡の鯨類を追う

　北大鯨研が発足してから2年ほどのあいだ，例会で教科書を勉強するほか，学外で行う活動は，捕鯨船見学，水族館見学やストランディング調査など，不定期なものばかりであった。2003年に代表となった須藤竜介君は，定期的なフィールド調査をしたいと考え，青森と函館を結ぶフェリーからの津軽海峡に棲息する鯨類の目視調査を企画した。それ以来，現在に至るまで，北大鯨研の主要な活動として，この調査は継続して実施されている。

図5.3　ただいま目視調査中

津軽海峡での鯨類調査は 1979 年 6 月〜1981 年 12 月に，当時北大水産学部の教員であった河村章人先生が企画し，その結果が出版されていたが，その後 20 年以上もの間，調査は行われていなかった。そこで，新しい情報を継続的に得ることを目的に，北大鯨研が企画したのである。

目視調査は月に 1〜2 回，鯨類が多く出現する 4〜6 月はほぼ毎週実施する。北大水産学部から徒歩 10 分ほどのところにあるフェリーターミナルから朝早く出航するフェリーに 3〜4 人のチームで乗船。函館港を出て青森港に入るまでの約 3 時間，目視調査をする。調査中は，双眼鏡で海面を目視し，鯨類の発見があった場合は，発見時刻，発見位置，種名，個体数，船からの距離，進行方向との角度を記録する。このような情報が蓄積されると，ライントランセクト法という計算方法を用いて，津軽海峡に来遊する鯨類の個体数を推定することができる。昼食後，同じ船で 14 時過ぎに青森港を出て再び目視調査を行い，18 時過ぎに函館港着。大学へ戻って，調査データを入力し，記録を整理して，1 日の調査が終了する。

発見したカマイルカは２万5000頭以上

こうやって集められた目視データは，北大鯨研メンバーによって解析され，その結果は毎年報告書にまとめられる他，学術的な結果は，鯨類学の研究会である「日本セトロジー研究会」の大会や会誌で報告される。

調査開始以来 2018 年 6 月までの集計で，鯨類 2990 群・2 万 6089 頭を発見している。そのうち，カマイルカが群を抜いて多く，全発見群数の 88 ％，全発見頭数の 96 ％を占める。カマイルカは津軽海峡には 3〜7 月に来遊するが，とくに 4〜6 月に集中しており，それ以外の時期にはほとんど発見がない。この時期は津軽海峡を日本海側から太平洋側へ流れる津軽暖流の流量が増加することから，日本海のカマイルカが津軽海峡を通って太平洋へ移動するのかとも考えられていたが，それならば，秋から冬に逆向きに移動するカマイルカも観測されるはずである。しかし，来遊時期は一貫して春季に限られている。

カマイルカの来遊時期は，海峡内の餌生物資源量とくにカタクチイワシ太平

洋系群と，津軽海峡へのカマイルカの来遊個体数の相関が認められている。津軽海峡内でのカマイルカの来遊個体数をライントランセクト法により推定したところ，平均して年に 9600 個体が来遊しているが，これは太平洋や日本海に棲息する個体数に比べて 20％ 以下と圧倒的に少ない。このことから，主に太平洋を回遊するカマイルカの一部が，津軽海峡に立ち寄って採餌をしているのだろうと考えられる。

　カマイルカのほかには，イシイルカ，ネズミイルカ，ミンククジラ，シャチが発見された。いずれも 4〜6 月に発見されることが多い。ちょうど 6 月あたりは修学旅行の生徒がフェリーを利用するころである。津軽海峡の鯨類の話を函館市民にすると，知らない人も多いが，「修学旅行のときに見た」という声をときどき聞く。

図 5.4　津軽海峡を泳ぐカマイルカ

◆ 第 5 章 ◆ 北海道大学鯨類研究会—学生たちの挑戦　89

解説 ┃ ライントランセクト法の原理

　鯨類の棲息個体数を推定する方法の一つとして，目視調査による方法が挙げられる。鯨類は呼吸のために定期的に浮上するため，船の上から個体数を数えることができるのである。

　しかし，棲息海域を船がくまなく調査することはできないので，目視調査によって，単位面積あたりの棲息個体数（個体密度）を推定し，これを棲息海域の面積に引き延ばすことによって，個体数を推定する。

　まず，調査をする航路を決定する。棲息していそうな場所ばかりを調査しては，密度を過大推定することになるので，機械的に航路を決定する。次に，計画された航路に従って，一定の速さで船を走らせる。調査開始と終了の位置と時刻を記録し，調査中は船上，海面が見渡せる場所に調査員が立って，前方左右 90 度までの範囲で鯨類が出現したら記録する。

　記録は群れが最初に発見されたときに限り，同じ群れが 2 回目，3 回目に出てきても記録しない。発見された時刻，位置とともに，進路から発見位置への角度（真正面なら 0 度となる），船からの距離（目測），個体数（一群れに何頭いるか），種名などを記録する。

　ちなみに，海の上では，メートル，キロメートルはあまり使わず，マイル（海里，nm と書く。1 nm ＝1.852 km）を用いる。1 時間に 1 マイル進む速さのことをノット（kt，1 kt ＝1.852 km/h）という。

　もし，10 ノットで走る船から 1 時間調査をし，航路の左右 3 マイルにいる鯨類を見逃しなく発見できるとしたら，10 ノット×1 時間×3 マイル ×2（左右両方）＝ 60 平方マイルを調査したことになる。この間に 15 群のイルカを発見し，一群れあたりの頭数が平均 4 個体だったとすると，15×4＝60 頭が 60 平方マイルに棲息することになるので，平均して 60 頭／60 平方マイル ＝1 頭／平方マイルの密度で，イルカが棲息すると推定される。同様の密度でカマイルカが棲息すると考えられる面積が 1000 平方マイルだとすれば，1000 平方マイル ×1 頭／平方マイル ＝1000 頭が，この海域に棲息すると推定する。

　鯨類の目視調査の場合，航路上にいる個体は，もし何回か潜水したとしても，再度浮上したときに見つけることができる可能性もあり，ほぼ見逃しなく発見できるかもしれないが，航路から横にそれた群れは見逃

しがちである．また，発見回数がそれほど多くないので，完全に発見できる幅より外にいた個体について，発見したにもかかわらずデータに加えないのはもったいない．そこで，得られたデータを統計解析して，「航路横方向何マイルまでを完璧に調査すると，実際に発見した全群数と同じ群数が発見できるか」を計算する．このマイル数のことを「有効探索幅」という．

　この有効探索幅を計算するために，発見時の船から鯨群までの距離 L と，航路と鯨群との角度 θ を記録する．発見された鯨群の航路からの横距離 W は

$$W = L \sin\theta$$

で計算される（図1）．

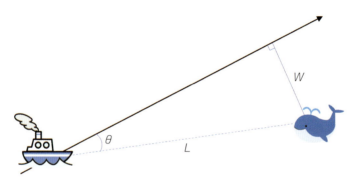

図1　横距離の推定．船からの距離 L と，航路と群れとの角度 θ から，横距離 W が計算される．

　発見横距離の分布は，0 付近がいちばん大きく，横距離が大きくなるほど発見数が少なくなる（図2）．もし，個体の実際の分布が本当にこのようになっているとすれば，鯨類が航路のまわりに集合していることを意味するが，航路は個体の分布に関係なく決定されているし，船に近づいてくる個体もいれば，船から遠ざかる個体もいるので，正しくない．これは，航路上にいる個体は発見されやすく，航路から離れるに従って発見されにくくなることを反映しているのである．

図2では，横距離1マイル以内で5群，1マイルから2マイル以内に4群…と，全部で15群発見したことになっている。ここで，図3のように，横距離3マイルより外側の発見個体数を，3マイル以内に移動させると，ちょうど3マイル×5群＝15群となり，長方形になる。つまり，3マイル以内で見逃した群数が，3マイル以遠で発見された群数と等しいということになる。したがって，調査結果の横距離分布から，この調査では，もし3マイル以内を見逃しなく調査したら，15群が発見されるであろう。すなわち，有効探索幅は3マイルということになる。実際には，横距離分布に理論曲線をあてはめ，積分によって有効探索幅を推定するのでこれほど単純ではないが，原理は理解してもらえたのではないかと思う。

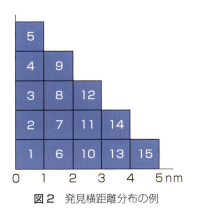

図2　発見横距離分布の例

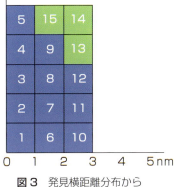

図3　発見横距離分布から有効探索幅を計算する。

臼尻でのネズミイルカ混獲調査

　寄鯨の多くは死亡個体の漂着であるが，なかには漁師さんの仕掛けた漁網に入って，絡まって死んでしまったり，あるいは漁獲作業中に窒息死したりする場合も含まれる。このような，意図しない種を漁獲してしまうことを「混獲」という。混獲による死亡はないほうがよい。それは，鯨類を保護するためだけではない。漁師さんも，網が壊れたり作業が増えたりして，迷惑なのである。

　とくにネズミイルカは沿岸の浅い海を泳ぐ習性があり，混獲されることが多い（図5.5）。日本で，年間どのくらいのネズミイルカが混獲されているのかはわかっていないが，欧米では詳しく研究されている。たとえば，北西大西洋，アメリカ合衆国とカナダとの国境付近にあるメイン湾では，1990年代に年間1200〜2900個体のネズミイルカが底刺網という漁具に絡んで死亡したとの報告がある。これは，その近辺に棲息するネズミイルカの3〜4％にもあたり，個体数の減少につながりかねない。

図 5.5　刺網によるネズミイルカの混獲（撮影：桜井憲二）

日本近海のネズミイルカは，夏はオホーツク海，冬は太平洋か日本海の沿岸に回遊している。その過程で，毎年4〜5月に函館近辺にも来ており，北海道大学北方生物圏フィールド科学センター臼尻水産実験所がある函館市臼尻町の大謀網（大型定置網）でも，毎年混獲されている。そこで，松石研究室では毎年，北大鯨研と共同でネズミイルカが来遊する時期に合わせて，混獲調査を実施している。

　臼尻水産実験所のすぐ近くにある臼尻漁港を基地に，臼尻水産と久二野村水産の2つの会社が大謀網漁業を行っている。ここは，北海道における大謀網漁業の発祥の地である。もともと，17世紀に能登の漁業経営者が移住して，現地のアイヌ人を指導したことにより漁業が発展した土地だが，1839年，臼尻の小川屋幸吉らが網職人を招いてマグロを獲るための大謀網を設置したのが始まりだと伝えられている。大謀網は，沿岸を泳いできた魚を効率的に捕れるように，罠のように複雑な形をしている（図5.6）。しかし，特定の魚を追いかけて漁獲するような方法とは異なり，多く来遊してきた魚はたくさん，来遊量が少ない魚は少ししか漁獲できないので，特定の魚を乱獲しない，環境に優しい

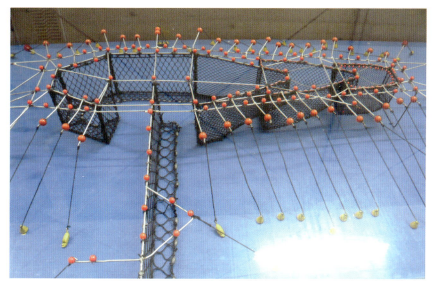

図5.6　大謀網模型（久二野村水産にて筆者撮影）

漁獲方法だと言われている。

　漁業者が何人も乗った全長 10 m ほどの漁船が 2 隻一組で網おこし作業をする。落とし網と呼ばれる網のいちばん奥まった部分は漁船が 2 隻入るほどの大きさで，網全体の幅は 300 m，魚を誘導する垣網と呼ばれる部分の長さは 1500 m にも達する。

　網に到着した漁船は，落とし網の入口を閉じ，2 隻がハの字になって，網をたぐって徐々に狭めていく。最後に残った部分に魚が集められ，それを大きなタモですくって漁獲するという算段だ。会社によって，網の設計やたぐりかたにそれぞれ長年の経験から編み出した工夫があり，頭では原理がわかっていても，実際に漁船に乗ってみると，どうして魚が逃げずに網の最後の部分に集まるのか，すぐには理解できない。

　この大謀網に，ときどきネズミイルカが入り込み，混獲されてしまう。ネズミイルカは食べられない。肉に入っている脂を人間は消化できないので，食べるとお腹を壊してしまう。当然，売れない。漁師さんたちにとっては，50 kg もある邪魔物が網のなかに入ってくるわけである。また，ネズミイルカにとっては，漁獲されるときに魚の下敷きになって呼吸ができなくなって溺れたり，船に揚げられたり捨てられたりするときに怪我をすることもある。

　調査が行われる函館市臼尻町も，北大水産学部と同じ函館市ではあるが，36 km も離れており，山道を車で小一時間走らないと着かない。調査開始に先立ち，4 月初旬には，参加する松石研究室・北大鯨研のメンバー全員で，臼尻水産実験所に集合し，1 泊の合宿で，調査内容の確認と準備を行う。土曜日の朝，調査資材を満載した大学所有のハイエース 2 台とともに，調査員が車に分乗して出発。途中，スーパーマーケットやホームセンターで必要な食材や資材を買って，昼前には臼尻町に到着。

　午後から実験所裏に，イルカ用の仮設水槽をみんなで組み立てる。水槽設置場所の雑草を取り，石を取り除いてから，1.5×3 m ほどの強化プラスチック製の板 6 枚をボルトとナットでつなげて輪にして，水槽の外枠が完成。内側に厚いビニールでできたシートを敷いて，直径 6 m の仮設水槽が完成する。

◆ 第 5 章 ◆ 北海道大学鯨類研究会—学生たちの挑戦   95

図 5.7　臼尻水産実験所の水槽内のネズミイルカと学生

　プール設置のあとは，調査の説明である．研究の目的や方法，これまでの成果，今年の調査の手順，実験所や宿泊棟の使用に関する注意事項を伝える．
　それが終わると，車で 10 分ほどの大船町にある温泉宿泊施設「ホテル函館ひろめ荘」へ行って，ゆっくり温泉に入る．以前は公営の温泉保養施設だったこともあり，広い湯船がいくつもある．屋内には含重曹食塩泉，露天風呂は乳白色の本格的な含硫黄ナトリウム硫化塩泉で，少し高めの温度に設定されている．近隣住民の憩いの場であり，顔見知りの漁師さんなどと出会うことも多い．楽しいひとときである．

函館は日本一の昆布生産地

　温泉施設「ひろめ荘」の「ひろめ」とは，臼尻町一帯を指す南かやべ地区で獲れる「函館真昆布」のことである。実は昆布の水揚げ量は函館が日本一であるが，まだまだ知名度が低いようである。昆布というと，函館真昆布のほかに，羅臼，利尻，日高昆布など有名な昆布があるが，産地によって獲れる昆布の種が異なり，味や食感も異なる。函館真昆布は，透明で上品な出汁が特徴で，生産量は日本一。最高級品は，高級料理店で使用されるほか，天皇陛下に献上されたりもする。

　一方，函館一帯では「ガゴメ昆布」という希少な昆布が獲れる。表面に竹で編んだ籠の目のようなデコボコがあることからこのように呼ばれるようになったという。かつては，真昆布の間に生えて，真昆布と混ざって獲れることから嫌われていたそうだが，北大水産学部の安井肇教授ほかの研究により，アルギン酸，フコイダン，ラミナランなど健康や美容によい粘り成分が豊富に含まれることがわかり，一躍有名になった。函館の地元企業などとの共同商品開発も行われ，「北大石鹸」をはじめとした，さまざまな製品が開発，販売されている。

　　　函館真昆布　　　　　　　　　ガゴメ昆布
（https://gourmet.hakobura.jp/photos/market/ より）

ガゴメ昆布の成分が入っている北大石鹸
（http://www.hokkaidolikers.com/articles/4467 より）

◆ 第 5 章 ◆ 北海道大学鯨類研究会―学生たちの挑戦　97

　実験所の宿泊施設で1泊したあと，日曜日は実際の調査のときと同様に，朝早く起床し，装備を着用し，調査道具一式を持って，出港場所へ行くまでを，調査員みんなで確認しながら予行練習する．練習は朝7時頃には終了し，大学に戻って解散となる．

　大謀網漁は4月中旬から操業が開始される．朝4時30分には漁港に漁師さんたちが集まり，5時前には出港する．調査員は出港に間に合うように，前日から臼尻水産実験所に宿泊し，朝4時には起床，軽く朝食をとって，調査の準備に取りかかる．手早く，カッパ，ライフジャケット，ヘルメットに長靴，ゴム手袋といった漁師さんと同じフル装備をして，記録用紙や，混獲が起こったときにネズミイルカが怪我をしないようにするマットなど，調査道具一式を持って漁港へ出向き，2人1組で各社の漁船に乗り込む．

　出港から10分足らずで大謀網に到着．ネズミイルカが入っているかどうかを確認する．もし入っていたら，実験所で待機している陸待ち班に電話連絡．ネズミイルカが船に上がってきたら，暴れて怪我をしないように介護し，容態

図 5.8　出港！

を観察しながら漁港へ持って帰ってくる。漁港には，荷台にマットを敷いた陸待ち班の車が待っていて，専用の担架を使ってイルカを車へ移す。漁港から実験所までは1〜2分の距離である。

　実験所についたら，車から出して，体長測定（図5.9），性別の判別，写真撮影を行った後，直径6mの仮設水槽へ入れる。水深は50cmほどにしてあり，人も2〜3人が入って，15〜30分ほど介護する（図5.10）。イルカはそのような狭い場所，浅い場所で泳いだ経験がほとんどないので，最初は壁にぶつかったり，横を向いてしまったりする。しかし，体調に問題がなければ，しだいに泳ぎが安定して，壁にぶつかったりしないようになるので，人は水槽から出て，水深が1mほどになるまで海水を入れて，数日，容態を観察する。この間に，ビデオ撮影による行動観察や，複数種の餌を提示してどちらを選ぶか試す採餌実験を試みることもある。容態が安定し，放流しても元気に泳いでいけることが確認できた場合には，大謀網漁船や実験所の磯舟で沖合まで連れて行き，放流する。

図5.9　ネズミイルカの体長測定

◆ 第 5 章 ◆ 北海道大学鯨類研究会―学生たちの挑戦　99

図 5.10　介護中のネズミイルカと筆者

　介護のためとはいえ，数日間は我々がイルカを飼育することになる．私の知る限り，日本の大学でイルカを飼育するのは松石研究室だけである．

　とはいえ，網のなかで溺死したり，生きて漁船に上がっても，すでに肺に大量の水が入っていたりして，ほどなく死んでしまうネズミイルカもいる．これまでの観察では，3～4頭に1頭程度が実験所で介護する前に死亡してしまった．

　この研究は，おたる水族館にも協力していただいている．水族館の獣医師の判断で，容態や水温などの状況によっては水族館に収容して，長期飼育をしてもらうこともある．現在，おたる水族館で飼育されているネズミイルカ4頭

は，すべて我々の調査中に混獲された個体である。同水族館との共同研究のなかで，ネズミイルカの成熟や繁殖についても徐々にわかってきている。

　臼尻の大謀網によるネズミイルカの混獲は，年によって増減が大きいが，平均すると年4頭程度である。1か月ほどの調査期間中，多くの場合は乗船してもネズミイルカはいない。そんなとき，調査員は，できる範囲で大謀網漁業のお手伝いをする。見よう見まねで，網をたぐったり，漁獲物を魚種ごとに選別したり（図5.11）。もちろんベテランの漁師さんとは比べものにならず，足手まといにしかなっていないと思うが，貴重な体験である。

　漁師さんは毎日のように海に出て，魚を見ている。いろいろな人から話を聞いて知識を持っているし，自分たちでも情報を収集したり工夫をしたりして，新しい知識や技術を取り入れている。自分の漁場のことについては誰よりも詳しい。我々も調査中は毎日いろんなことを漁師さんから学んでいる。

　4～5月の調査期間中は，当然だが授業がある。ただ，大謀網漁にかかる時間は1～2時間。7時には終わる。その後，地元の美味しい魚をふんだんに使った朝食を実験所で食べて，車で大学に戻ると，ちょうど授業が始まる時間にな

図5.11　選別を手伝う学生

る。だから，調査に参加しても授業を休まずに済むのである。参加した北大鯨研の学生にとって，授業中は相当眠いだろうと思うけれど……。

学生の「やりたい」に引きずられて

　2019年，北海道大学鯨類研究会は創立20周年を迎える。最初は，顧問の名義を貸したくらいのつもりだったが，気がついてみると，学生がやりたいということを，なんとか実現してあげたいと思って活動を広げた結果が，目視調査，ストランディングネットワーク北海道の発足など，現在の松石研究室での鯨類研究の基盤になっている。

　発足当時から札幌キャンパスにも鯨類研究会ができることを想定していたが，実際に2012年，北大札幌キャンパスに北大鯨研札幌支部が発足した。メンバーは，北大水産学部1，2年生に限らず，他学部の学生や札幌にある他大学の学生も集まっている。札幌支部は，勉強会や北大祭への参加に加えて，ホエールウォッチングツアー，水族館ツアーなども積極的に行い，活発に活動している。

　実際に鯨類を研究対象とするのは，容易なことではない。魚のように市場で買ってこれるものではない希少な動物なので，研究に必要な標本を集めるのは本当に大変である。1個体が大きいので，解剖に時間が掛かるし体力も必要である。混獲調査で収容した個体が，腕のなかで死んでいくこともある。混獲死亡率の調査であるから，当然死亡することもあるとはいえ，そのときの精神的ショックは大きい。鯨類の研究を極めても，なかなかその知識と経験を活かす就職先はない。鯨類研究の大変さや困難さは，実際に体験してみて，学会などにも参加して研究者や先輩の話を聞いて，はじめて身に染みてわかるものである。

　北大鯨研では，卒業研究のテーマを決める前に鯨類研究に触れることができる。鯨類関係の卒業研究をできる人は，北大水産学部で年に数人でしかないが，北大鯨研はもっと多くの学生に鯨類の研究に触れてもらう機会を提供している。これまでの北大鯨研の学生のなかには，いろいろな体験をして，鯨類の

ことを知るためにはそれをとりまく生物や環境も知らなければいけないということを理解した人がたくさんいた。他分野の研究者になっている人も多い。鯨類目視調査や解析を通じて，調査の作法，解析の方法，また学会発表や論文の書きかたを学んだことが役に立っているのかもしれない。

　現在，松石研究室で鯨類の研究をしている学生や研究員は，全員，北大鯨研の出身者である。鯨類研究の困難さを知って，なお，鯨類について探求したいという思いは変わらず，鯨類の研究を進めたいという強い志を持つ学生である。だから，先生が指導しなくても自ら調べ自ら考えて研究を進めることができる独立した研究者に育っていく。このような優秀な学生たちに恵まれているのも，北大鯨研のおかげである。

第6章　函館と鯨

　北大水産学部は函館にある。これは，函館が開港地であり，水産基地であったことにも関係している。なぜ函館が開港地に選ばれたのか。実は鯨が鍵を握っている。函館と鯨の関係について，見ていこう。

縄文時代〜中世

　北海道にも縄文人が住んでいた。函館市では国宝の中空土偶が出土するなど，多くの遺跡が残っている。大森貝塚を発見し，日本の考古学の礎となったエドワード・モースは 1878 年に 2 か月弱，函館に滞在し，貝塚を発見している。そこには，鯨類の骨も出土しており，縄文時代に当時の人々が鯨類を食べていたことを示すものである。

　釧路ではイルカの頭骨を放射状に並べたような縄文遺跡が見つかり，また，根室では捕鯨の様子が彫られたとみられる縫い針入れ（図 6.1）が出土しており，北海道の縄文人が捕鯨をしていた証拠と考えられている。縄文中期のもの

図 6.1　弁天島遺跡出土の捕鯨彫刻図針入（提供：根室市歴史と自然の資料館）

とされる函館の桔梗2遺跡からは，シャチの形をした焼き物（図6.2）が出土している。長さ6.3cmの小さなものであるが，背びれや胸びれの形状，噴気孔もしっかり造形されており，シャチを相当に観察した人でないと，このようにつくることはできない。現在も津軽海峡にシャチが出現することがある。縄文時代から，洋上で，あるいは打ち上がったシャチを観察していたのかもしれない。

図6.2　シャチ形土製品（函館市教育委員会所蔵）

アイヌ人と鯨類

　その後，函館にもアイヌ人が住むこととなる。アイヌ人と鯨類との付き合いは深く，現在でも鯨に関する伝承や踊りが多く伝えられている。アイヌ語では鯨のことを「フンベ」または「フンペ」という。北海道の地名の8割はアイヌ語に由来していると言われているが，「フンベ」「フンペ」がついた地名も多い。

　たとえば，道内各地に「フンペオマナイ」という地名がある。これは「鯨がいた沢」という意味である。鯨類は基本的に海にいるものであり，沢にいるのはおかしいと思うかもしれない。しかし，実際に鯨類の漂着場所に行くと，河口であることが多い。おそらく河口近くの複雑な潮の流れに乗って，流れていた鯨類が岸に漂着するのではないかと想像している。

　アイヌの伝承にもしばしば描写されているように，漂着した鯨類は解体し，村の人たちがみんなで分けて食料にしている。大きなクジラが打ち上がったときには，一つの村では消費しきれず，近隣の村までその肉が配分されたことが想像される。その際には，当然，漂着した場所も話題に出るであろう。そうするうちに，河口に鯨が漂着した川が「フンペオマナイ」と呼ばれるようになっ

たのではないだろうか。

　時代はだいぶ下って江戸時代後期，旅行家で博物学者であった菅江真澄が1794年に刊行した書籍『蝦夷廼天布利（えぞのてふり）』には，レブンゲで目撃したアイヌ人のイルカ漁の様子が描かれている（図6.3）。レブンゲとは北海道虻田郡豊浦町の地名で現在は礼文華と書く。絵のように水面から飛び上がり，大群をつくるイルカは，北海道周辺にはカマイルカしかいない。この場所には，夏から秋に時としてカマイルカ

図6.3　アイヌ人のイルカ漁の様子
（北海道大学付属図書館所蔵『蝦夷廼天布利』より）

が集群する。漂着したこともあるし，北大水産学部練習船おしょろ丸から目視観測されたこともある。この絵から，当時のこの地域のアイヌ人は，積極的にイルカ漁を行っていたことがうかがわれる。

　アイヌ人は，シャチを「レプンカムイ」（海の神様）として神格化していた。レプンは「沖」という意味で，「海」とほとんど同じ意味だと考えてよい。ご存じ礼文島も，もともとアイヌ語のレプン・シリ（沖の島）に由来し，先ほど出てきたレブンゲも，「沖に張り出した岸壁」という意味だそうだ。

　たとえば，クジラが打ち上がるのも，レプンカムイの仕業だと考えられていた。行いが良い人が住んでいる村には美味しい鯨が打ち上がり，行いが悪い人が住んでいる村には食べるとお腹を壊す鯨をレプンカムイが連れてくるんだ，という伝承もある。

　余市町にあるよいち水産博物館には，カムイギリというシャチをかたどったアイヌ人の民具が残されている（図6.4）。日本海側のアイヌの村では，各家にカムイギリがまつられていたそうだ。そのシャチは，さまざまな生物を従えて

図 6.4　カムイギリ（よいち水産博物館にて筆者撮影）

いる。よいち水産博物館学芸員の乾芳宏さんの研究によれば，シャチにぶら下がっているレプンカムイからの贈り物はニシン，サケ，マグロ，サメ，アザラシ，イルカ，クジラだという。日本海側に回遊している主な海棲生物を網羅しているのが面白い。

函館開港

　江戸終期，1820年頃より，日本近海に欧米の捕鯨船が多数来遊し，とくに日本海で操業するために，津軽海峡を頻繁に行き来していた。主な捕鯨対象はセミクジラとマッコウクジラであり，一説には1年でセミクジラ5000頭，マッコウクジラ7000～1万頭を日本近海で捕獲したという。このような捕鯨が何年も続いたことを考えると，日本近海には非常に多くの鯨類がいたと考えられる。

　1858年頃に描かれた蝦夷風物之図「箱館澗内にて鯨漁，手投モリ打込図」という絵が函館市中央図書館に保存されている（図6.5）。函館湾内を多数のクジ

◆ 第 6 章 ◆ 函館と鯨　　107

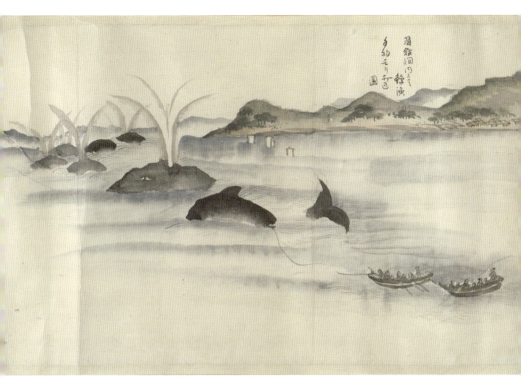

図 6.5　箱舘澗内にて鯨漁，手投モリ打込図（部分，函館市中央図書館所蔵）

ラが泳いでいるが，噴気が V 字型になっているのがわかると思う。日本近海で噴気が V 字型になるのはセミクジラだけである。泳ぎが遅く，死んでも浮いていることから捕獲が容易であり，また良質の鯨油が取れるので，捕鯨の対象となった。

当時は，おそらく日本各地で，陸上からも，V 字の噴気を上げる体の丸い鯨が，しばしば観察されたのだろう。だから，日本人がクジラのマンガを描くと，V 字型の「潮吹き」を描くのだと思う。セミクジラは欧米捕鯨船の乱獲

図 6.6　クジラのマンガ（画：前田彩貴）

により個体数を大きく減らし，ここ何十年も日本近海では捕獲していないのに，観測されることも漂着することも極めてめずらしくなってしまった。

　さて，当時の欧米の捕鯨船は，母港を出てから場合によっては何年もの間，捕鯨を続け，船上で鯨油だけを抽出して持ち帰った。航海中，真水や燃料である薪の補給が必要だし，船員の休養も必要である。船内で病人が出れば，場合によっては下船させて治療を受けなければならない。しかし，当時の日本は鎖国していたので，津軽海峡の左右に陸地が見えるのに，寄港することができない。これは，捕鯨船にとって非常に不便だったに違いない。

　そのような背景から，欧米は日本に開国を迫り，1854 年の日米和親条約締結に続き，日英和親条約，日露和親条約が相次いで締結され，1855 年，函館が外国船に対して開港されることとなった。

　函館以外にも下田，外国人居留地のあった長崎も開港され，1858 年の日米修好通商条約をはじめとする安政の五カ国条約で，横浜，新潟，神戸も開港されることとなったが，これらの条約のなかで一貫して開港地に選ばれているのは函館だけである（表 6.1）。日米和親条約で最初に開港した下田は安政の五カ国条約では閉鎖している。このことからも，日本開国の重大な目的の一つは，欧米の捕鯨船の補給基地とするための函館開港であったとみている。

表6.1　開国期の条約と開港地

年	条約	下田	函館	長崎	横浜	新潟	神戸
1854 年	日米和親条約	○	○				
1854 年	日英和親条約		○	△			
1855 年	日露和親条約	○	○	△			
1858 年	安政五カ国条約	×	○	○	○	○	○

（○開港　△条約港であるが実際は不開港　×閉港）

　すでに，日本では組織的な捕鯨が行われていた。1606 年には和歌山県太地で「鯨組」による組織的な捕鯨が始まっている。1612 年には外房でツチクジラの手銛漁，1838 年には宮城県鮎川で網取り式捕鯨が始まっている。当然，日本の鯨漁師たちは，欧米の捕鯨に重大な関心を寄せていたに違いない。とく

に，千葉外房でツチクジラ漁をしていた「醍醐組」と呼ばれる捕鯨団は，開国直後に，当時最先端の捕鯨銃「ボンブランス」を入手し，アメリカ式捕鯨のしかたを教わっていた。

船大工も，欧米の捕鯨船にはたいへん興味があったはずだ。なかでも，松前出身の船大工 続 豊治（つづきとよじ）（1798〜1880）は特別であった。1854年，函館港を測量するために函館湾内に来航したペリー艦隊を観察しようと磯舟で近づき，監視中の役人に発見されて投獄される。しかし，その情熱が当時の箱館奉行である堀利熙（ほりとしひろ）に認められ，異国船応接方従僕という身分を与えられ，アメリカ船に自由に出入りできるようになり，さらにアメリカ船の構造を観察し，1857年に2本マストの西洋式帆船「箱館丸」を完成させた。日本最初の洋式帆船とも言われ，そのレプリカが現在，函館西埠頭岸壁に置かれている（図6.7）。

竣工後，箱館丸は堀を乗せて江戸へ回航。そこで，千葉外房の捕鯨団「醍醐組」8代目当主 醍醐新兵衛定緝（さだつぐ），もう一人の箱館奉行である竹内下野守保徳を

図6.7　箱館丸のレプリカ

乗せて函館に戻り，船体を整備し，最新式の捕鯨銃などを使って，択捉で調査捕鯨を行う予定にしていた。このとき，西洋式捕鯨の経験のあるジョン万次郎が指揮官に就任することが予定されており，万次郎は陸路で函館入りした。しかし，万次郎は捕鯨船を下りてからすでに 15 年が経過しており，醍醐組が修得した最新式の捕鯨法を十分理解しておらず，結局，箱館丸には乗船せずに江戸へ戻ったという。

箱館丸は 1858 年 4 月 20 日，醍醐組に加え，箱館奉行所の役人を乗せて択捉へ出港。

「出港早々，親子連れの鯨を発見し，新しい漁具を試した。親鯨には逃げられたものの，小鯨は首尾良く仕留めることができ，一同，幸先が良いと喜んだ。これが日本では，ボンブランス銃を使ってクジラを獲った第 1 号」（板橋守邦著『北の捕鯨記』，1989）

この様子を，たまたま陸上で見ていて描いたのが，先ほどの蝦夷風物之図の一枚である。当時は手投げ銛が一般的であったから，この絵を描いた人はボンブランスを知らなかっただろう。しかし，ボートの舳先にはボンブランスのようなものが描かれているし，ボートは明らかに和船ではなく，欧米の捕鯨船に積まれているカッターボートである。日本の近代捕鯨は 1858 年 4 月，函館湾内で始まり，その瞬間が偶然，絵に収められていたことになる。

その後，箱館丸は択捉島や樺太まで調査航海と試験操業を実施したが，結果は思わしくなく，それ以上の進展はなかった。

鯨族供養塔

戦後，捕鯨業は漁業の花形だった。函館からも多くの人が捕鯨船に乗った。なかでも，捕鯨船の船長兼砲手にまでなった天野太輔氏はたいへん腕の良い鯨獲りだった。1907 年から捕鯨に従事し，26 年間で 2 千数百頭を捕獲した。親子連れの鯨や，欧米による乱獲でほとんど見かけなくなった日本近海のセミクジラも捕獲したという。

子供 3 人に先立たれたうえ，愛妻も亡くした折，貴き鯨の生命を奪った罪を

思い起こし，昭和 32 年，自宅の庭に，セミクジラの模型をあしらった高さ 4 m の立派な鯨族供養塔を建てた（図 6.8）。

現在も自由に見ることができ，また，年に 1 度は函館の鯨類関係者が集まり，近くの称名寺で経をあげてもらい，供養祭を開催している。それにあわせて地元の中学生が掃除をし，供養祭の前後数日はライトアップも行われている。

図 6.8　鯨族供養塔

北大水産学部の鯨骨格標本

　北大水産学部には 13 m のニタリクジラの骨格標本があり，一般に公開されているが，地元の人でも知らない人が多い。水産学部内にある北海道大学博物館別館 水産科学館に展示されている（図 6.9）。

　ニタリクジラは最大体長 15 m ほどにもなるヒゲクジラである。以前は，イワシクジラと同一種と考えられていたが，研究の結果，国際捕鯨委員会では 1970 年にイワシクジラとニタリクジラを別種として扱うこととした。イワシクジラは頭部のリッジと呼ばれる筋が 1 本なのに対して，ニタリクジラは 3 本あるのが特徴であるが，それ以外はなかなか見分けが付きにくい。イワシクジラに似ているからニタリクジラと言うのだろうと思うが，真偽のほどは不明である。

　ややこしいことに，その後も研究が進み，2003 年にはニタリクジラがさらに

3種に分かれた。きっかけは近縁種の鯨が事故死したことによる。1998年に山口県角島(つのしま)でクジラと漁船が衝突し、クジラが死亡する事故が起きた。このクジラの骨格と遺伝子を詳細に調べたところ、ニタリクジラに似ているが、新種であることがわかったのである。このクジラはツノシマクジラ *Balaenoptera omurai* と命名されることになった。ツノシマクジラが新種であることを証明するために、世界各国にあるニタリクジラの標本を調べたところ、それまで同じニタリクジラとして扱われていた *B. brydei* と *B. edeni* は別種であることがわかり、*B. brydei* をニタリクジラ、*B. edeni* はカツオクジラと呼ぶこととなった。このような大型動物でも、まだ新種が発見されるのは興味深い。

北海道大学水産科学館に保管されているニタリクジラの全身骨格標本は1977年、フィジーに近い南太平洋ケルマデック諸島近海(南緯28度32分、西経179度41分)で捕獲された雌の個体である。捕鯨で得られたこの体長

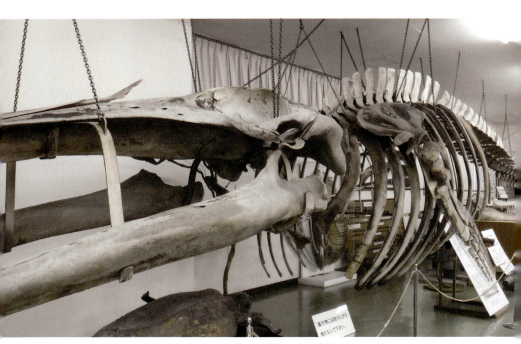

図 6.9　北大水産学部の鯨骨格標本

14.7 m の成熟個体を，当時の教員であった河村章人先生の監修のもと，骨格標本にした。当時はニタリクジラ（沖合型）*B. edeni* と分類されたが，現在は *B. edeni* はカツオクジラのことである。ニタリクジラなのかカツオクジラなのかを明らかにするために，2005 年に北大鯨類研究会の学生が，カツオクジラ，ツノシマクジラを新種であると発表した専門家といっしょに頭骨の形状を調査した結果，ニタリクジラ *B. brydei* であることが明らかになった。

鯨汁

　函館の地元の人にとって，正月に欠かせないのが鯨汁である（図 6.10）。鯨の本皮と山菜などの野菜がたくさん入った煮物である。本皮とは皮脂の部分で，脂が多いが，これを薄くスライスし，ゆでこぼして脂を抜き，野菜といっしょに塩味で煮付ける。鯨から出た出汁がたいへん美味しい。大量に大鍋でつくって，寒い場所に置いておき，正月のあいだ，毎日食べる分だけを温めて出す。

図 6.10　鯨汁

発祥はどうも松前～江差あたりの道南日本海側のようで，「正月から大きな
ものをいただいて縁起がよい」とか，「ニシンを岸に集めるクジラを食べて豊漁
を祈る」といった意味合いを込めて，正月に食べられるようになったと聞く。
　東北地方でも鯨汁を食べるところがあるが，正月に食べる習慣があるのは北
海道南部だけらしい。毎年 12 月初旬から，たくさんの鯨の本皮がスーパーに
並ぶ。値段は結構高いが，それでも売れているようである。
　このように，函館は縄文時代から現在に至るまで，鯨類と深いかかわりが
あった。

第7章　なぜ北大水産学部が鯨類の研究をするのか

　北大水産学部は極めてユニークな大学だと思う。なぜ鯨類の研究を北大水産学部で行っているのか。そして，その研究はどのようにユニークなのだろうか。

図 7.1　北海道大学水産学部

私の経歴

　筆者は東京出身。父も祖父も東京出身なので，3代目の江戸っ子ということになる。高校生のときから漠然と海洋に関する研究がしたいと思っていた。ただ，そのころの私は，「水産」や「漁業」と「海洋」は，なんとなく違うものだと思っていて，水産学部では漁業のことしか勉強できず，海洋を総合的に勉強できないと誤解していた。

　東京近辺で「海洋」というと，東京大学海洋研究所（現在は大気海洋研究所）か東海大学海洋学部が思い浮かんだ。いまでは東京海洋大学があるが，当時は東京水産大学と言っていたので，私の興味の対象外だった。

　運よく東京大学理科2類に入学。農学部水産学科へは進まず，東京大学教養学部基礎科学科第二というところで，コンピュータや統計学などを勉強した後，大学院時代は東京大学海洋研究所で，海棲生物の個体数を推定し，乱獲防止のための漁獲枠などを計算する水産資源学を勉強した。

　実は，海棲生物のなかで，最も個体数がわかっているのが鯨類である。魚類と違って，呼吸のために必ず定期的に浮上してくるから，船から目視で数えることができる。捕鯨問題の解決のため，捕鯨国と反捕鯨国の科学者が最先端の統計手法を使って，競って鯨類の個体数の推定精度や捕獲枠の計算方法を論争していた。

　私も，サイドワークで鯨類の個体数推定などのお手伝いをさせていただき，国際捕鯨委員会の科学委員会に参加したこともある。データと理論だけでは実際のところがよくわからないと考え，2か月無寄港の鯨類目視調査船に調査員として乗り込み，捕鯨漁師といっしょに目視調査をした。

　そして1993年，縁あって北大水産学部漁業学科に助手として赴任した。まだ「水産」という言葉に抵抗感があり，最初のころは，数年したら東京に戻ることも考えていた。しかし，北大水産学部に来てみて，なぜ高校生のときにこの学部を知らなかったのかと後悔したのである。その理由は，学生のモチベーションの高さ，研究分野の広さ，そしてフィールドの近さにある。

◆ 第 7 章 ◆ なぜ北大水産学部が鯨類の研究をするのか　117

北大水産学部の位置づけ

　平成 29 年度の日本の大学数は 764 であり，そのうちの 82 大学が国立である。近年はスーパーグローバル大学とか指定国立大学法人といった区分もあるが，永く使われている区分として「旧帝国大学」がある。戦前，日本には，北海道，東北，東京，名古屋，京都，大阪，九州，京城（ソウルの旧称），台北の九帝大があった。これらの大学は規模が大きく，歴史が長く，優秀な教育が行われていた。戦後，帝国大学とは言わなくなり，京城と台北は日本ではなくなったが，残る旧七帝大はいまでも他の国立大学とは区別されている。

年 譜

明治 40 年 2 月	札幌農学校に水産学科が設置された。
明治 40 年 9 月	東北帝国大学農科大学水産学科となった。
大正 7 年 4 月	北海道帝国大学附属水産専門部となった
大正 10 年 3 月	北海道帝国大学附属水産専門部は廃止された。
昭和 10 年 4 月	函館高等水産学校が設置された。
昭和 19 年 3 月	函館水産専門学校となった。
昭和 24 年 5 月	北海道大学函館水産専門学校となった。
昭和 29 年 3 月	北海道大学函館水産専門学校は廃止された。
昭和 15 年 4 月	北海道帝国大学農学部に水産学科が設置された。
昭和 22 年 10 月	北海道帝国大学は北海道大学となった。
昭和 24 年 5 月	函館水産専門学校を北海道大学に包括し，農学部水産学科と合わせて北海道大学水産学部となった。
昭和 28 年 4 月	北海道大学農学部水産学科は廃止された。
昭和 24 年 5 月	函館に北海道大学水産学部が設置された。
昭和 28 年 4 月	新制北海道大学大学院が設置された。
昭和 38 年 4 月	北海道大学大学院の名称が水産学研究科と定められた。
平成 12 年 4 月	水産学研究科から水産科学研究科に名称変更された。
平成 17 年 4 月	水産科学研究科が廃止され水産科学研究院および水産科学院が設置された。

この旧七帝大のなかで，「水産学部」があるのは北海道大学だけである。農学部水産学科などで水産の教育・研究を行っている大学もあるが，やはり水産学部と水産学科では規模が違う。

永い歴史のなかで，さまざまな経緯を経て現在の北大水産学部に至っている。函館キャンパスは，東北帝国大学農科大学水産学科や函館高等水産学校となっていたこともあったが，一貫して函館で日本最高水準の水産教育を行ってきた。北海道大学になったあとだけでも，卒業生は1万2000人に上り，1000人以上の博士を輩出している。

そもそも水産学は，自然科学のなかで唯一，我が国に起源がある学問体系で，しかもその始まりは，北海道大学の前身である札幌農学校にある。北大水産学部は1907年，札幌農学校水産学科として始まり，すでに110年余の歴史がある。北大水産学部は，水産学の発祥の地なのである。

幅広い研究分野

北大水産学部が扱う研究分野は広い。そもそも水産学という学問自体が，非常に広い学問である。日本水産学会の説明によれば，水産学とは水産業を代表する漁業，養殖，水産食品の製造加工だけではなく，水圏と人間がかかわるすべての事柄，すなわち水生動植物，生命資源，海洋，環境，エネルギー，水圏生物化学，経済，水産教育などについて探求する学問領域だという。生物学，数学，物理，化学，地学，工学，薬学，経済学，教育学など，あらゆる学問分野と関連する応用科学と言えよう。

北大水産学部も，水産学の広い研究分野を網羅しつつ，いままでになかったようなユニークな研究を進めている。たとえば，専門科目名を列挙すると，魚類学／魚類生産生態学／北方生物圏生態科学／プランクトン学／ベントス学／水産資源学／海洋生態学／海洋基礎生産学／海洋生物地球化学／海洋音響学／行動計測工学／水産制度論／衛星海洋学／漁具工学／水産海洋工学／水産情報・工学／地域資源科学／海洋環境物理学／海洋環境学／海洋植物学／水族発生生物学／魚病学／海洋微生物学／海洋分子生物学／水族遺伝育種学／水族生

理学／水族生殖生物学／水族生化学／食品化学／栄養化学／食品保蔵学／酵素機能化学／微生物利用学／化学工学／食品衛生学／食品工学／天然物化学／分子栄養学／機器分析化学と，本当に広い分野を学ぶことができる。詳しく知りたい方は，北大水産学部のホームページにアクセスしてほしい。また，北水ブックス『海をまるごとサイエンス』（ISBN978-4-303-80001-7）には，クジラやイルカ，サケ，チョウザメ，ヤドカリから微生物まで，さらに海の渦，北極海，深海底，メタゲノムの話など，興味深い話題が満載されているので，ぜひ読んでほしい。

鯨類と他の水産科学との関係

このように幅広い研究が行われている北大水産学部で鯨類の研究をすることは，たいへん効率的で面白い。

たとえば，鯨類の食性研究をするとき，胃内容物からさまざまな魚の骨や耳石，イカやタコの顎板などの硬組織が出ている（図7.2）。これらの硬組織から餌を推定しなければならない。もちろん，図鑑や文献を使って調べるのではあるが，自信がないときには，すぐに専門家のところへ行って相談できる。

あるいは，筋肉などのなかに含まれる安定同位体を測ったり，遺伝子を分析したりすることもある。これらの手法は，鯨類だけではなく，海棲哺乳類，魚類も含めて，いろいろな生態研究で用いられている。そのため，この分析をしている学生同士でノウハウを共有したり，機器を融通して使ったりすることもできる。

さらに，学内には魚群探知機を研究している研究室も，加工食品を専門にしている研究室もある。それぞれ専門の機材を持っているので，イルカのエコーロケーション音の研究をする上で，アドバイスをもらったり，硬さを測る機械を使わせてもらったりすることもできる。

鯨類は，単独で生きているのではない。餌を食べるだけではなく，海流や海水温にも影響を受ける。ある鯨種が過去に食べていた餌種と比べて，最近食べているものが違うのは，その餌種が増えたり減ったりしたためかもしれない。

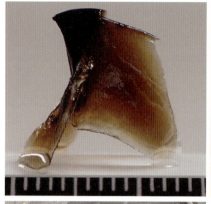

図 7.2
顎板（左上），耳石（右上），下顎骨（左下）

図書館へ行けば，過去 50 年以上にわたる，日本全国，とくに北海道沿岸での魚種別漁獲量の詳細な情報がすぐに出てくる。また，海洋学の専門家とも，思い立ったらすぐに議論できる。

鯨を通して海を知る

　鯨類のことを知ろうとすればするほど，その餌になる魚類，イカ，タコ，エビ，プランクトン，あるいは棲息環境である海洋のことを知りたくなってくる。イルカがどうやって餌を探しているのか知りたくなると，水中音響についても知りたくなる。腐って鯨種がわからない個体の種を判別しようと思うと，DNA 判別のことも気になる。回遊や潜水行動が気になれば，それを調べるためのリモートセンシングやデータロガーなども知りたくなる。イルカはどうし

◆ 第 7 章 ◆ なぜ北大水産学部が鯨類の研究をするのか　　121

て漁網に入って来てしまうんだろう？　と考えると，漁業や，漁網など漁具の
ことも知りたくなる。鯨のことに興味を持っているうちに，函館の歴史，函館
と海とのかかわり，シャチを神としていたアイヌの文化にも興味が広がるし，
縄文人のつくった土器や貝塚も面白い。

　鯨の調査をしようと思うと，船のことも知りたくなる。飼育して行動観察を
しようとすれば，仮設水槽を組み立てるためのボルト・ナットの扱いかたか
ら，記録機器の電気系統，海水ポンプやバルブの使いかた，実験中に漏電や断
線をさせないための配線の方法や電線の引き回しかたまで，知ることになる。

　クジラやイルカのことをトコトン知りたいと思うならば，鯨類のことだけを
勉強していてもわからない。鯨類に関するどんなことにも興味を持って知って
いくと，鯨類とそれを取り巻く海洋生態系の本当の姿が見えてくる。そうすれ
ば，人間が海洋生態系とどうやって付き合っていくか，具体的に考えることが
できるようになる。

　北海道の海岸線 3066 km に打ち上がる寄鯨。何も考えなければ，やっかい
な粗大生ゴミでしかないが，一つ一つを大切に検討していくうちに，少しずつ
ではあるが，人間と鯨が共存するコツが視えてくる。

目視調査終了

索　引

［アルファベット］
A-Tag　*75*
Balaenoptera acutorostrata　*16, 40*
Balaenoptera bonaerensis　*16, 40*
Balaenoptera brydei　*16, 112*
Balaenoptera edeni　*16, 112*
Balaenoptera omurai　*16, 64, 112*
Berardius arnuxii　*16*
Berardius bairdii　*16, 55*
CT スキャン　*70, 73*
dolphin　*35*
Indopacetus pacificus　*8*
IWC　*17*
Lagenorhynchus obliquidens　*45*
Megaptera novaeangliae　*59*
Mesoplodon carlhubbsi　*49*
Mesoplodon stejnegeri　*47*
NEWREP-A　*18*
NEWREP-NP　*18*
Phocoena phocoena　*35*
Phocoenoides dalli　*42*
Physeter macrocephalus　*52*
porpoise　*35*
SNH　*10, 22*

［あ］
アイヌ人　*104*
アイヌ協会　*49*
アカボウクジラ　*32, 64*
アツコ　*38*

天野太輔　*110*
安政の五カ国条約　*108*
安定同位体　*66, 119*

［い］
イシイルカ　*32, 42, 67*
イシイルカ型　*42*
イチョウハクジラ　*46*
イルカ　*15*
イワシクジラ　*18*

［う］
臼尻水産　*93*
臼尻水産実験所　*93*
うね　*58*
海をまるごとサイエンス　*119*
運動場　*75*

［え］
エコーロケーション　*22, 60, 68, 119*
蝦夷廼天布利　*105*
蝦夷風物之図　*106*
鰓　*11*

［お］
オウギハクジラ　*32, 46, 64*
大型鯨類　*17*
大包丁　*58, 62*
大村秀雄　*64*
オガワコマッコウ　*32, 64*

小川鼎三　*64*
オキゴンドウ　*32*
おたる水族館　*38, 80, 99*
落とし網　*75, 94*
尾鰭　*11*

[か]
介護　*98*
回折　*72*
外部形態測定　*29*
解剖　*29*
海洋生態系　*65*
化学汚染物質　*29*
下顎骨　*120*
垣網　*94*
顎板　*29, 66, 119, 120*
ガゴメ昆布　*96*
カツオクジラ　*112*
カマイルカ　*32, 44, 67, 87, 105*
カムイギリ　*105*
カラストンビ　*29, 66*
カワイルカ　*15*

[き]
久二野村水産　*93*

[く]
クジラ　*15*
鯨組　*108*
鯨汁　*113*
クリックス　*60, 68*
クリープメータ　*71*
クロミンククジラ　*16, 40*

[け]
鯨族供養塔　*111*
鯨類　*11*
鯨類捕獲調査　*18*

[こ]
小型鯨類　*17*
コククジラ　*32*
国際捕鯨委員会　*17*
国際捕鯨取締条約　*17*
国立科学博物館　*8, 10, 29, 84*
個体密度　*89*
コビレゴンドウ　*32*
小包丁　*58, 62*
コマッコウ　*32*
混獲　*66, 74, 92*

[さ]
サイドブランチ型消音器　*74*
ザトウクジラ　*32, 58*

[し]
潮吹き　*11, 107*
耳垢栓　*78*
耳石　*29, 66, 119, 120*
自然死　*22*
写真撮影　*29*
シャチ　*16, 32, 69, 105*
シャチ形土製品　*104*
食性　*65*
食物連鎖　*65*
ジョン万次郎　*110*
シロナガスクジラ　*18*
新北太平洋鯨類科学調査計画　*18*
新南極海鯨類科学調査計画　*18*

索引　125

[す]
スジイルカ　32
ストランディング　10
ストランディングネットワーク北海道
　10, 22
スナメリ　16, 32

[せ]
成長　78
背鰭　11
セミイルカ　32
セミクジラ　32, 106
前庭嚢　73

[そ]
ソング　59, 60

[た]
醍醐組　109
体長測定　98
タイヘイヨウアカボウモドキ　8, 32, 64
大謀網　74, 93

[ち]
調査捕鯨　18

[つ]
津軽海峡　37, 86
ツチクジラ　16, 32, 55
ツチクジラ属　64
ツノシマクジラ　16, 64, 112

[と]
ドルフィン　35

[な]
ナガスクジラ　18, 32

[に]
ニタリクジラ　16, 112
ニタリクジラの骨格標本　111
日英和親条約　108
日米和親条約　108
日露和親条約　108
日本セトロジー研究会　47, 87

[ね]
ネズミイルカ　32, 35, 67, 74, 77, 80, 92
ネズミイルカの体長　79
年齢査定　77

[の]
ノット　89

[は]
ハクジラ　13, 65
函館　103
函館開港　106
函館真昆布　96
箱館丸　109
パッサビリティー　80
ハッブスオウギハクジラ　32, 34, 49, 64
ハナゴンドウ　32
ハンドウイルカ　64
バンドウイルカ　64

[ひ]
ヒゲ板　13
ヒゲクジラ　13
ヒダ　58

人見必大　*21*

[ふ]
フォニック・リップス　*69*
船大工　*109*
ブリーチング　*59*
噴気孔　*11, 12*
フンペオマナイ　*104*

[ほ]
ホイッスル　*60*
北水祭　*84*
北大石鹸　*96*
捕鯨彫刻図針入　*103*
北海道いるか・くじら110番　*25*
北海道大学鯨類研究会　*29, 83*
北海道大学鯨類研究会札幌支部　*101*
ポーパス　*35*
本朝食鑑　*21*
ボンブランス　*109*

[ま]
マイル　*89*
マスストランディング　*21*
松石研究室　*29*
マッコウクジラ　*18, 32, 51, 106*

[み]
ミンククジラ　*16, 18, 32, 40, 64*

[む]
胸鰭　*11*

[め]
鳴音　*60*

メロン　*69*

[も]
目視調査　*86*
モラトリアム　*18*

[や]
ヤング率　*70*

[ゆ]
有効探索幅　*90*

[よ]
寄鯨　*10, 21*
寄鯨方程式　*22*

[ら]
ライントランセクト法　*87, 88, 89*

[り]
リクゼンイルカ型　*42*
龍涎香　*51*

[れ]
レプンカムイ　*105*

■ 著者

松石 隆（まついし たかし）
1964年東京生まれ。私立武蔵高等学校，東京大学教養学部基礎科学科第二を経て，大学院は東京大学海洋研究所に所属。博士（農学）を東京大学より取得。1993年北海道大学水産学部に赴任。専門は，水産資源学および鯨類学。現在，北海道大学国際連携研究教育局・水産科学研究院教授。ストランディングネットワーク北海道代表，北海道大学鯨類研究会顧問。フルート奏者としてステージに立つこともある。

ISBN978-4-303-80002-4

北水ブックス
出動！イルカ・クジラ110番

2018年11月9日　初版発行　　© T. MATSUISHI 2018

著　者　松石　隆　　　　　　　　　　　検印省略
発行者　岡田節夫
発行所　海文堂出版株式会社

　　　　　本社　東京都文京区水道 2-5-4（〒112-0005）
　　　　　　　　電話 03 (3815) 3291（代）　FAX 03 (3815) 3953
　　　　　　　　http://www.kaibundo.jp/
　　　　　支社　神戸市中央区元町通 3-5-10（〒650-0022）
日本書籍出版協会会員・工学書協会会員・自然科学書協会会員

PRINTED IN JAPAN　　　　　印刷　ディグ／製本　誠製本

JCOPY　＜(社)出版者著作権管理機構 委託出版物＞

本書の無断複写は著作権法上での例外を除き禁じられています。複写される場合は、そのつど事前に、(社)出版者著作権管理機構（電話 03-3513-6969、FAX 03-3513-6979、e-mail: info@jcopy.or.jp）の許諾を得てください。

〈北水ブックス〉第1弾

海をまるごとサイエンス
～水産科学の世界へようこそ～

海に魅せられた北大の研究者たち 著

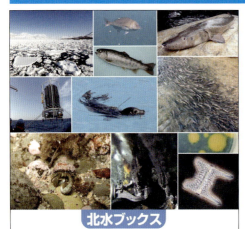

A5判・128ページ
オールカラー
定価（本体1,800円＋税）
ISBN978-4-303-80001-7

北大水産学部の研究者が中心となって水産科学の魅力を語る「北水ブックス」。最新の研究や活動を、ライブ感、わくわく感たっぷりに紹介します。第1弾は11人の共著。クジラやイルカ、サケ、チョウザメ、ヤドカリから微生物まで、さらに海の渦、北極海、深海底、メタゲノムの話など、興味深い話題満載です。

第1章　海に棲む哺乳類に会いにいこう（三谷曜子）
第2章　叫びたくなるサケの凄技！：母川刷込の解明を目指す（工藤秀明）
第3章　諸事情により海に下らないサケ・マス（清水宗敬）
第4章　殖えない魚を殖やしたい：難種苗生産魚種への挑戦（井尻成保）
第5章　水中で身体測定：画像処理技術で魚の成長を把握する（米山和良）
第6章　動物が好きな人へ：行動生態学をヤドカリで紹介する（和田哲）
第7章　海面の凸凹は海の天気図（上野洋路）
第8章　北極海から氷がなくなる？！（野村大樹）
第9章　小さな生き物から地球を知る（松野孝平）
第10章　覗いてみようミクロな世界：海の極限環境微生物を科学する（美野さやか）
第11章　海の遺伝子で薬をつくる？！（藤田雅紀）